Osprey Military New Vanguard
オスプレイ・ミリタリー・シリーズ

世界の戦車イラストレイテッド
1

ケーニッヒスティーガー重戦車 1942-1945

[共著]
トム・イェンツ×ヒラリー・ドイル
[カラー・イラスト]
ピーター・サースン
[訳者]
高橋慶史

KINGTIGER HEAVY TANK 1942-1945

Text by
Tom Jentz and Hilary Doyle

Colour Plates by
Peter Sarson

大日本絵画

目次 contents

3 ケーニッヒスティーガーの設計と開発
design and development

より強力な主砲を　クルップ社の8.8cmKwK43（L/71）
ポルシェ型VK4502（P）の車体　ヘンシェル型VK4503（H）の車体
クルップ型砲塔　"ポルシェ"型砲塔　量産型砲塔

16 公式名称と変遷
official designation

装甲指揮車両ティーガー　生産状況　改修　工場における改修

23 砲火力
firepower

33 走行性能
mobility

36 戦場における生存性
battlefield survivability

36 配備部隊と戦歴
operational history

◎西部戦線へ送られた部隊‥‥第316（無線操縦）戦車中隊　第503重戦車大隊
第1中隊／SS第101重戦車大隊　軍直轄第506重戦車大隊
SS第501重戦車大隊　軍直轄第507重戦車大隊
第3中隊／軍直轄第510重戦車大隊および第3中隊／軍直轄第511重戦車大隊
補充軍および兵器局
◎東部戦線へ送られた部隊‥‥軍直轄第501重戦車大隊　軍直轄第505重戦車大隊
軍直轄第503重戦車大隊　軍直轄第509重戦車大隊　SS第501重戦車大隊
SS第503重戦車大隊　SS第502重戦車大隊

25 カラー・イラスト
43　カラー・イラスト解説

◎著者紹介

トム・イェンツ　Tom Jentz
1946年生まれ。世界的に支持されているAFV研究家のひとりであり、ヒラリー・ドイルとコンビを組んだ"Encyclopedia of German Tanks"（日本語版『ジャーマン・タンクス』は小社より刊行）の著者として、とくに知られている。妻とふたりの子供とともに、メリーランドに在住。

ヒラリー・ドイル　Hilary Louis Doyle
1943年生まれ。AFVに関する数多くの著作を発表。そのなかにはトム・イェンツと共著の『ジャーマン・タンクス』も含まれる。妻と3人の子供とともにダブリンに在住。

ピーター・サースン　Peter Sarson
世界でもっとも経験を積んだミリタリー・アーティストのひとりであり、英国オスプレイ社の出版物に数多くのイラストを発表。細部まで描かれた内部構造図は「世界の戦車イラストレイテッド」シリーズの特徴となっている。

ケーニッヒスティーガー重戦車
Königstiger—Kingtiger Heavy Tank

design and development
ケーニッヒスティーガーの設計と開発

　ドイツ陸軍重戦車の開発は、「ヘンシェル&ゾーン社（Henschel & Sohn）／カッセル」に契約を発注することにより、すでに1937年から開始されていた。そしてこの計画は1939年に、独創的な設計を自主的に試みていた「工学名誉博士・F・ポルシェ有限会社（Dr.ing.h.c. F.Porsche K.G.）／シュトゥットゥガルト＝ツッファーハウゼン」（訳注1）によって引き継がれることとなった。ガソリン－電気駆動を特徴とする斬新なポルシェ社の設計を後押ししていたのは、政治家だった。一方ヘンシェル社の設計は、兵器局兵器試験第6課（Wa Prüf 6）のテクノクラート（技術管理職）たち旧学派が創り出した仕様を土台としていた。ポルシェ社とヘンシェル社はシャシーと駆動機構の開発のみを担当しており、砲塔と戦車砲の設計は「フリートリッヒ・クルップ社（Fried.Krupp A.G.）／エッセン」が受け持った。

　ソ連侵攻が開始された1941年6月22日の数カ月前、ヘンシェル社はVK3601（全軌道式重量36t級の初期型モデル）のシャシーの設計に取り組んでいた。また、ポルシェ社もVK4501シャシーに取り組んでいた。クルップ社はさらに8.8cmKwK（L/56）（56口径8.8cm戦車砲）装備のVK4501用砲塔の設計を行っていた。これが1941年5月26日に会議が召集された時点の重戦車開発の状況であった。

　この会議においては、ティーガーIIの創案を開始するなど、いくつかの重要な決定が下された。しかしながら、行動計画（アクションプラン）や最終目標をはっきりと示さず、あとになるべき詳細な設計工程が先に設定された。おのおののアイディアと計画をもった競合する組織や会社の利害関係の衝突が、さらに問題を複雑にした。したがって、現在我々が知っているように、ティーガーIIが最終的に生産されるまでの設計過程は、いくつかの変遷をたどることになった。

　この設計過程をかえりみると、まず第一により強力な主砲の選択という方針が理解できる。この主砲は8.8cmKwK43（L/71）として設計された。新型VK4502（P）のシャシーはポルシェ社によって設計され、新型VK4503（H）のシャシーがヘンシェル社によって設計された。工程の最後にクルップ社によって砲塔が設計された。

　22年間の調査のなかで、筆者はクルップ社、ヘンシェル社やポルシェ社などの設計会社、兵器局、機甲兵総監部（グデーリアン）の将校、そしてティーガーを実戦で使用した部隊などから、数千のオリジナル資料を発掘した。この本はこ

訳注1：フェアディナント・ポルシェ博士　1875年オーストリア・ハンガリー帝国のマッフェルスドルフに生まれる。父は鍛冶屋であり、ウィーンの技術学校夜間コースを修了後、電気製品メーカーに就職した。アスマトロ・ダイムラー社、ダイムラー社にてレーシングカーや航空エンジンの開発に従事したのち、オーストリアのシュタイアー社の技師長となる。1930年に独立して工学名誉博士・フェアディナント・ポルシェ・エンジンおよび動力車両設計製作事務所・有限会社を設立した。ヒットラーの信任を得て1939年に「フォルクスヴァーゲン（国民車）・プロジェクト」に参画し、以後、各種戦車の開発委託業務を受注する一方、戦車委員会議長を長く務めた。戦後は戦争犯罪人として逮捕されるが1947年に釈放され、それ以降、スポーツカーの設計などを手がけた。1952年に死去。

ティーガーP2用に製造された砲塔を搭載したティーガーII試作型、車体番号No.V1は1943年11月に兵器局によって受領された。この試作型3両は一体成型（モノブロック）構造の砲身を装備し、全面ダークイエローで塗装されていた。ツィンメリットコーティング（16頁の訳注19を参照）は施されなかった。後部デッキ上にみえる大きなポット状のものは、渡渉装置の伸縮チューブのカバーである。(Bundesarchiv)

れらのオリジナル資料の内容をベースにしている。いくつかの資料からの抜粋は、ニュアンスや雰囲気を現在風に改めて引用訳を行っている。データ調査は、西側に現存するすべてのティーガーⅡ 7両について、筆者が行った上部、下部、周辺および内部の観察結果に基づいている。また、多くの誤訳がある既刊の文献や、戦争中や戦争直後にアメリカ情報部によって書かれた不正確なレポートは、この本のベース資料として使用しなかった。

より強力な主砲を
a more effective main gun

ティーガーⅡ伝説は、ヒットラーが臨席した1941年5月26日の会議に端を発する。この会議は、戦車開発を指導する上で重要なキーパーソン、すなわち兵器装備および弾薬省(軍需省)大臣トット博士(訳注2)、兵器局のフィリップス大佐、兵器試験第6課のクニープカンプー等事務官とフォン・ヴィルケ中佐、ザウアー主務官長(事務次官)および工学博士ポルシェ教授によって構成されていた。戦車開発の現状と計画のブリーフィングののち、ヒットラーはつぎのような強化対策が必要であることを詳細に述べた。

「暫定的な5cmKwK装備の戦車(訳注3)が、首尾よくまだ任務をこなせるうちに、重戦車20両からなる前衛部隊を、速やかに各戦車師団に創設しなければならない。この重戦車は、過去に得られた以上の重装甲を有する敵戦車を貫通する能力が必要であり、少なくとも最大速度は時速40kmに達しなければならない。

この目標を達成するためには、まず現存の8.8cmKwKの能力と貫通力を増強する必要があり、これにより約1500mの距離で100mm厚の装甲板を貫通可能としなければならない。8.8cm砲の原型は高射砲であるが、対戦車砲としても有効であることが実証されている。今後、この兵器を対戦車砲としてさらなる開発が可能であり、促進しなければならない。

工学博士ポルシェ教授とヘンシェル&ゾーン社で現在開発中の両重戦車の設計と製造は、可能な限り早くする必要がある。以前に計画された8.8cm砲はすでにポルシェ型戦車用砲塔へ据え付けられているが、砲能力を前述した仕様に適合するよう増強しな

訳注2：フリッツ・トット　1882年生まれ。工業建築家であったトットは、古参のナチス党員(1922年入党)であり、その関係で1930年にヒットラーが構想した「帝国自動車専用道路(ライヒスアウトバーン)」の建設計画を実務的に纏め上げた。1933年にヒットラーが首相の座についた際、アウトバーン建設国家監督官に任命され、一躍行政の中枢に参画するようになり、1938年にはマジノ線に対抗してジークフリート線の建設を指導した。その際、全国の1000以上の建設会社を一元化し、民間人34万人、陸軍工兵9万人、RAD(帝国労働奉仕団)約300個中隊の人員で準軍事組織である「トット機関」を設立している。1940年3月7日に兵器および弾薬製造(軍需)大臣に任命され、軍需産業の最高責任者となったが、1942年2月8日に飛行機事故により死亡した。

訳注3：Ⅲ号戦車のことである

訳注4：口径漸減砲、ゲルリッヒ砲ともいう。1927年にゲルリッヒにより提唱された理論を応用した高初速砲である。ゲルリッヒ砲の砲身は砲尾から砲口に向かって口径が小さくなっている。そのため、発射された砲弾は砲身内を移動する間にしぼられ、その分だけ強いガス圧が砲弾にかかり高速で砲口から射出される結果となる。専用の特殊な砲弾と砲身により、軽量小型砲で高初速の砲弾が発射可能であるという利点を有していたが、反面、ライフリングが磨耗して砲身の寿命が短く、砲弾もタングステン弾芯が必要とされた。

左頁●別なアングルからみた試作型、車体番号No.V1。砲塔両側面のピストルポートと左側面のハッチは、これらの砲塔がティーガーIIに搭載されるまえに溶接閉鎖された。薬莢排出用ハッチは砲塔の傾斜した天蓋後部に設置される一方、防御時における密閉性は近接防御兵器によって確保された。駆動輪は18枚歯であった。平板状の泥除けは、3両の試作型のみに装備された。(Bundesarchiv)

けなければならない。テーパーボア型（訳注4）7.5㎝砲（兵器器材番号0725）は、ヘンシェル型戦車へ使用することとするが、兵器器材番号0725は、タングステンの貯蔵量が砲弾の大量生産に対して満足する場合にのみ有効である。したがって、8.8㎝砲をヘンシェル型戦車用砲塔へ搭載する研究も行う必要がある」

これらの決議の背景には、工学名誉博士・F・ポルシェ有限会社が1941年6月21日に兵器試験第6課から命じられた「もし可能であれば、ポルシェ型VK4501（P）用の砲塔に8.8㎝Flak41を搭載せよ」という決定があった。クルップ社オリジナル設計による砲塔は8.8㎝KwK（L/56）用であり、乗員は指揮官、照準手および装填手の3名であった。なお、ポルシェ社は9月10日にテレグラムを通じて、VK4501（P）用としては56口径のみ考慮しているとの回答を送っている。

8.8㎝KwK36と8.8㎝Flak41との特性を比較すると、より短い砲身用に設計された砲塔へ長い砲身の戦車砲を搭載することが困難であることが、ただちに理解できる。もし、長砲身Flak41が物理的に搭載可能なように設計されていたとしても、戦車砲のバランス、長大なリコイルシリンダーの防護方法、結果としてアンバランスとなる砲塔の回転、砲弾装填に必要な距離（1200mm対931mm）などの問題がのこされていた。

クルップ社の場合、単に物理的な問題だけではなく、ライバル会社の砲（Flak41はラインメタル・ボルジッヒ（Rheinmetall-Borsig）社により設計された）を自分たちの砲塔へ搭載するという、まったく好ましくない仕事に対する不満があった。クルップとラインメタル・ボルジッヒの両社は、国内外において兵器関係の製造では長年の競争相手であった。クルップ社にFlak41が彼らの砲塔へ適合するかどうかという単純な質問を受けた際、彼らは負けず劣らず単純かつ率直に回答した。「ナイン」。

兵器および弾薬製造省大臣（軍需大臣）のトット博士は、このような状況を知り、興奮のあまりつきのような手紙を1941年9月23日付で兵器局長のリッター・フォン・レープ大将へ書き送っている。

「兵器局は工学博士ポルシェ教授によって設計された直径2000mmの砲塔リングではなく、ヘンシェル社の直径1900mmの砲塔リングを有する砲塔をポルシェ型戦車へ搭載することを決定した。私は、総統が工学博士ポルシェ教授へ設計委託をして以来、兵器局は面子を守るためにヘンシェル社で"兵器局の戦車"を製造しようとしているという印象をぬぐいきれない。Flak41を1900mm砲塔リングの砲塔へ搭載することは困難である。高性能のFlak41は本当にポルシェ型戦車へ搭載するのか、と会うたびに総統に問われているということを私は貴官に報告する必要がある。工学博士ポルシェ教授は私に対して、Flak41を搭載可能とする研究を行うと確約した。私はFlak41が搭載不可能であるという博士の弁明を受け入れる用意があるし、この問題で彼を非難するつもりはない。なんとなれば、事の発端は兵器局が狭い砲塔リングを設定したことにあるからだ。

ボービントン戦車博物館に展示中の試作型、車体番号No.V2。試験車両であることから、シングル履帯リンクZg75/800/152を装備しているが、これは1945年はじめに導入されたものである。18枚歯のスプロケットは、同じ時期に再度使用されることとなった。この博物館の展示品は、残念なことに指揮官用キューポラとそのほかのパーツが欠損している。(Author)

総統は、Flak41と代替可能なほかの8.8㎝砲の設計に対しては不信感を抱いており、性能低下をまねくいかなる改造も施さずに、Flak41を新型重戦車に搭載することを望んでおられる。将来、Flak41以外の砲を搭載した戦車の最初のデモンストレーションの際、我々はきわめて強い反発を総統から受け取るであろうことを、今日、私は貴官に警告する次第である。

兵器および弾薬製造省大臣（軍需大臣）として、また、個人的見解として、さらに総統の意を呈す

上および次頁●クンマースドルフで試験中のティーガーII。前面装甲板上に円で囲まれた211という試験車両番号が確認できる。このティーガーは4月に製造され、1944年5月にクンマースドルフへ発送された。ツィンメリットコーティングが施され、全面ダークイエローで塗装されている。(Bundesarchiv)

る義務があるという理由から、Flak41以外の砲を重戦車へ適合させるということは問題外である。

　私はこの問題を解決するよう、直接総統から個人的に指示されたので、この開発プログラムの基本条件の変更を要求する。また、ヘンシェル型砲塔を一方的に支持し、ポルシェ型砲塔を排除しようとすることは、私の通知なしでは認められない」

　並行して1941年9月23日に書かれたヒットラーの副官であるシュムント大佐宛の手紙において、トット博士は自分の意見に対するいかなる反対も排除することを確約しており、彼のヒットラーに対する忠誠については疑問の余地はなかった。

　「貴官への情報として、今日書いた兵器局長宛の手紙を同封する。私は、ほかの関係者がこの状況について、異なった意見を総統へ述べることがないよう、要求するものである。

　私は総統とまったく同様に、新型重戦車がFlak41以外の戦車砲を受領するべきではないと確信するものであり、総統が要求した目標から逸脱するいかなる企てに対しても妥協するつもりはない」

　自分たちの面子を保つという公正とはいえない意図に対するあからさまな非難を受けた兵器局は、生贄(いけにえ)の犠牲者を探しはじめた。レープ大将は兵器試験第6課長のフィヒトナー大佐へトット博士の手紙を転送し、この非難に対する回答を求めた。フィヒトナーは9月27日につぎのように返答している。

　「兵器試験第6課は、ポルシェ型戦車用の砲塔リングの直径を減じるような指示を下し

たことは過去に一度もない。砲塔リングの直径が、工学博士ポルシェ教授のオリジナル設計である2000mmから現在の1850mmへと減少したのは、ひとえにクルップ社による開発作業の結果である。

1941年の春、戦車砲の口径長大化の一環として、8.8㎝KwK(L/56)のポルシェ型戦車への搭載が計画され、工学博士ポルシェ教授は、この戦車用砲塔についてクルップ社と直接契約を締結し、両社が限定的な協力の下に開発することとなった。通常の手続きとは違って兵器局は、クルップ社との開発計画は裁定しなかった。

1941年7月25日の会議の席上、小官はクルップ社の砲塔に満足しておらず、将来のために、ポルシェ型およびヘンシェル型戦車の両者に等しく適用できるように、改善策を追求すべきであると工学博士ポルシェ教授に進言した。

クルップおよびラインメタル両社は、Pz.Kpfw.(装甲戦闘車両)VK4501(ポルシェ型およびヘンシェル型)用の8.8㎝Flak41を搭載可能な砲塔に関する概念設計プロジェクトの契約を、今すぐにでも兵器試験第6課と締結することが可能である。

小官がここで付け加えておきたいのは、この問題は兵器試験第6課に関する名誉の問題ではなく、有効な英知とすべての材料を用いて最良の戦車を大量に、かつ必要な時機に装備したいという要求であることは疑問の余地がないということである」

ポルシェ社により要求されたオリジナル設計より小さな直径の砲塔を設計したという非難に対し、クルップ社は反論することはなかった。しかしながら、現存する書簡からみると、クルップ社はこれを無視したことがうかがえる。

1941年5月13日、ニーベルンゲン製作所(Nibelungenwerk,G.m.b.H.)は、工学名誉博士・F・ポルシェ有限会社の委託を受けてクルップ社へ6基の砲塔を発注した。この砲塔は砲塔リング外径が1900mmであり、Pz.Kpfw.Ⅵ(ポルシェ型)用8.8㎝KwK(L/56)が搭載可能であった。この発注に先立ち、1941年5月2日にクルップ社の代表がポルシェ博士と打ち合わせを行い、砲塔の詳細仕様とフルスケールモデルの引き渡しスケジュールを決定している。また、1941年4月24日、クルップ社はニーベルンゲン製作所において兵器装備および弾薬省(軍需省)のハッカー博士に、8.8㎝KwK(L/56)に対応した1900mmの外径の砲塔は11万ライヒスマルクとなる見通しであると通知している。

クルップ社は、非難されたように開発過程において砲塔リングの直径を縮小したわけではなく、最初の概念設計の段階から公に1900mmの大きさを決定していた。しかし、兵器試験第6課はこの事実に触れずに、砲塔設計の責任があるクルップ社に過失があるとの結論を一足飛びに引き出している。

実際、ポルシェは最初から2000mmの砲塔直径を要求したわけではなく、8.8㎝Flak41が現状の砲塔設計に適合しないとわかった時点で、はじめてこの要求が出てきたのであった。

こうして潔白を印象付け、自分たちの変わらぬ献身ぶりを明らかにすることに成功した兵器試験第6課であったが、もう1942年春から生産予定である長砲身8.8cm砲を搭載可能な砲塔を設計するという現実の目標は達成されなかった。このため、長砲身型戦車砲と新型砲塔が開発されるまでは、VK4501(P)の最初の100両は8.8cmKwK(L/56)を搭載するまったくオリジナル計画通りの砲塔設計で、クルップ社により生産されることが決定された。

すなわち、生産型車両の101番目から長砲身型戦車砲へ転換することとされた。

クルップ社の8.8cmKwK43(L/71)
Krupp's 8.8cmKwK 43 (L/71)

つぎに述べる概念設計の検討結果より、1943年2月5日にクルップ社は8.8cmKwK43(L/71)の開発に関する契約を兵器試験第4課(砲兵設計課)と締結した。そして、以前に8.8cmKwK42(器材番号5-0808)として設計された名称を、1943年1月29日に8.8cmKwK43(L/71)(器材番号5-0808)と公式に変更した。

クルップ社によって設計されたこの砲とラインメタル・ボルジッヒ社製のFlak41における唯一の類似点は、同じ砲口初速度により同じ砲弾を発射した場合、まったく同じ貫通能力を有することであった。

このような同等の装甲貫通能力を達成するため、クルップ社は砲塔内に搭載可能なように設計を完全に改めた。Flak41(L/74)と比較すると、(L/71)は口径が短くライフリングが相違しており、反動を緩和するためマズルブレーキを有していた。そのほかに太くて短いリコイルシリンダーを砲塔内に備えており、エアブラストシステムにより発射直後に直接砲から硝煙を排出可能で、砲塔内で容易に装填できる短い(しかし太い)薬莢を薬室に込めるようになっていた。

最初の試作型2門、すなわち8.8cmKwK43のV1とV2の砲身は全体が一体成型(モノブロック)構造であり、3番目のV3はすでに部品単位の一体成型構造設計により製造されていた。部品単位の一体成型構造による分割砲身は、砲寿命を増大させ、かつ生産が容易であった。

クルップ社とラインメタル・ボルジッヒ社が長砲身型8.8cm砲搭載の砲塔に関する概念設計を要求される一方で、クルップ社は兵器試験第6課と完全な詳細設計の契約を締結した。クルップ社は、わずかな相違点はあるものの、ヘンシェル社型VK4503(H)およびポルシェ社型VK4502(P)の両者へ搭載可能な単一砲塔の設計を行った。2種類の砲塔設計の主な相違点は砲塔旋回半径であり、ポルシェ社型VK4502(P)に適用する場合は電気モーター駆動であり、ヘンシェル社型VK4503(H)に適用する場合は油圧駆動が用いられた。

表1:88mm砲の比較

名称	KwK36	Flak41	Kwk43
砲長(mm)	4930	6548	6298
口径長	56	74	71
砲弾長(mm)			
榴弾(HE)	931	1200	1167
徹甲弾39(AT)	873	1158	1125
薬莢長(mm)	570	855	822

ポルシェ型VK4502(P)の車体
The Porsche VK4502(P) chassis

ポルシェ社は8.8cmKwK(L/71)用砲塔を搭載する車体の再設計を行い、前面装甲板を傾斜させて防御力を向上させた。この新設計はポルシェ社によりタイプ180と呼称された。

正面、側面および後面の車体装甲は、80mm装甲板を用いて製造されていた。前面上部装甲板は45度の傾斜角を有し、前面下部装甲板は35度であった。これにより、過去に用いられた操縦手用の垂直正面装甲板100mmよりもすぐれた防御力を得ることがで

きた。

　この当時、前面機関銃用ボールマウントと操縦手用ペリスコープは傾斜装甲板に対応した仕様には完全になっておらず、概念設計段階においては前面機関銃の開口部と操縦手用バイザーブロック用の貫通個所のため、装甲板の完全密閉性は損なわれていた。車体上蓋部の厚い円周上の装甲リングは砲塔リングを防御するのに有効であった。

　戦車の駆動機構については、ポルシェのトレードマークであるガソリン―電気式駆動機構がタイプ180用に採用された。駆動力は2200rpmで300hp（馬力）のポルシェ型101/3空冷式10気筒ツインエンジンによって供給された。おのおののエンジンは発電機に直結されており、発電機出力は後部にある両側面の履帯用起動輪に、各々独立して対応するジーメンス社製電気モーターへ送られた。65tの戦車は最大速度が時速35kmに制限され、最大航続距離は157kmであった。

　サスペンションは、トグルレバーと連動した縦型配列トーションバーにより、2個1組の走行転輪の振動周期を減衰させる方式であった。このサスペンションは、2個1組であるラジアルタイヤ付走行転輪3組から構成されており、8.8cmPak43/2（L/71）を搭載した対戦車自走砲"フェアディナント"に採用されたものと同様であった。履帯幅は640mm、接地長は4115mmであり、この結果1.22kg/cm²という高い接地圧となった。

　部品製造や発注のリードタイムの必要性から、100両分のポルシェタイプ180（車体番号150101-150200）の組み立てに関する契約がすでに1942年2月に締結された。ポルシェタイプ180は1942年4月以前に兵器試験第6課によりVK4502（P）と命名されていた。

　最初の砲塔を有する完成車両は、1943年3月にニーベルンゲン製作所により引き渡しおよび受領が行われることとされた。そのつぎの10両は4月予定であり、以後月産15両のペースで生産されることになっていた。しかしながら、駆動機構とサスペンションの問題により生産型の組み立て製造契約は1942年11月3日にキャンセルされ、兵器試験第6課との新たな契約では、わずかに3両の試作型の発注に縮小された。

　1942年10月にポルシェは、VK4502（P）用の概念設計としてタイプ180B、181A、181Bおよび181Cを追加して発表した。

　このすべてのモデルの基本シャーシは従来と変更はなかったが、駆動機構によってオプションが選択できる設計となっていた。タイプ180Bはタイプ180Aとほとんど変わらなかった。101/3型モーターは101/4型となったが、101/3型との相違はわずかなものであった。すなわち、ピストンコネクティングロッドが新しい材質になったことと、油冷却器の搭載に関して新

試験車両No.V8は量産型ティーガーIIの1両で、兵器局により試験に供された。実験番号212aは右側泥除けの上で主砲の影に隠れている。ここではこの新型重戦車のために、回収方法の試験をしているのがわかる。（Bundesarchiv）

砲列を敷く第500戦車補充および教育大隊のティーガーII。グリーンとレッドブラウンの迷彩塗装は、基本色のダークイエローの上から幅が広い縞模様でスプレーされている。手前の砲塔番号"324"のティーガーIIは、一体成型構造の砲身であるが新型排気管が装備されており、渡渉装置が設けられていない。後方の砲塔番号"323"は、1944年5月に採用された分割構造の砲身を装備している。(Bundesarchiv)

しい方法を採用した点であった。さらに砲塔を後部に搭載し、駆動機構全体を前部に搭載するというポルシェの要求は、いくつかの設計図を除いては変わることはなかった。

タイプ180シリーズはガソリン-電気式駆動機構を有しており、タイプ181シリーズはフォイト社(Voith)のフォイトII型流体変速機を採用していた。タイプ181Aはポルシェ101/4型ガソリンエンジン2基を搭載しており、各10気筒エンジンは排気量15000ccであり、回転数2000rpmで出力は300馬力であった。タイプ181Bはポルシェ-ドイツ社製180/1型ディーゼルエンジン2基を搭載し、各16気筒エンジンは排気量19600ccであり、回転数2000rpmで出力は370馬力であった。タイプ181Cはポルシェ180/2ディーゼルエンジン1基を搭載し、16気筒エンジンは排気量37000ccであり、回転数2000rpmで出力は700馬力であった。このタイプ181シリーズは、幅広型(640mmから700mmに変更)履帯を採用し、接地圧は1.12kg/cm²まで減少することとされた。

クルップ社は1943年1月25日に、オーストリアのニーベルンゲン製作所に供給するためのPz.Kpfw.ティーガーP2(VK4502(P))用装甲車体3両と、8.8cmKwK43(L/71)戦車砲に適した砲塔3基の組み立ておよび製造契約を締結した。クルップ社は1月28日にティーガーP2試作型用装甲車体3両がすでにニーベルンゲン製作所へ供給され、砲塔3基の装甲部品もすでに完成済みであると報告した。

1943年2月17日、工学博士ポルシェ教授は、電気式駆動機構と新型サスペンションを搭載したPz.Kpfw.ティーガーP2(VK4502(P))の試作型3両はニーベルンゲン製作所で組み立て中であると通知した。さらに工学博士ポルシェ教授は、計画されている量産型車両には、流体変速機構、新型サスペンション、空冷式900馬力ディーゼルエンジン、より厚い装甲とより強力な兵装を採用すると述べていた。この時期、量産型シリーズについては望み薄で、遠い将来のことであると考えられていた。

しかしながらそれ以降の工学博士ポルシェ教授の影響力は、実質的に減少することとなった。すなわち、彼は1943年12月に戦車委員会議長の席を、ヘンシェル社総支配人シュティーレ・フォン・ハイデカンプフ博士に譲ったためである。戦後のインタヴューのなかでハイデカンプフ博士はつぎのように回顧している。

「ポルシェ博士は、しばしば彼が設計した戦車の性能が不充分であったため、人望がありませんでした。また、彼が指示した山のような設計変更、新しい兵器設計を依頼されたときに、過去の経験や現在の生産設備の利用を考慮しない新奇なオーソドックスではない設計を彼が提案したことなどにより、いつも生産の遅延を招いていました」

この3両の試作型ティーガーP2の運命については、部分的にクルップ社からの1944年4月25日付けの状況報告で明らかにされている。すなわち、クルップ社は試作型3基のうち1基の砲塔組み立てを完了したが、そのほかの2基については、主要構成部品は組み立てられたものの補助部品が充分ではなかった。そしてその後、クルップ社は、VK4502（P）の砲塔3基を、ヘンシェル型VK4503（H）の生産シリーズ用車体に合うように改装する旨の要求を受けた。8月22日、クルップ社は3基の砲塔に関する要求された作業は、完了したことを報告している。

ヘンシェル型VK4503（H）の車体
The Henschel VK4503（H）chassis

1941年5月26日の会議の直後、兵器試験第6課はヘンシェル社に対して、長砲身8.8㎝砲を搭載した砲塔を装備した新しい車体の開発を5月28日付で発注した。しかしながら、当面の優先順位はVK3601の設計契約とする指示を受けた。

VK3601のキャンセル後、優先権はVK4501（H）の開発に移ったが、ヘンシェル社の資材は組み立てのための工場アレンジや設計に完全に費やされてしまった。

Pz.Kpfw.Ⅵ、VK4501（H）またはティーガー（H）H1型（8.8㎝KwK36（L/56）搭載）は、H2型（7.5㎝KwK（L/70）搭載）へと引き継がれるされることとなったが、Pz.Kpfw.Ⅵ H2型は1942年7月にキャンセルされた。ポルシェティーガーの生産シリーズがキャンセルされたあとに、ようやくヘンシェル社は1942年11月に、8.8㎝KwK43（L/71）の砲塔ハウジング用にアップグレードされた車体を開発するため、前倒しした計画工程を策定した。当初、この設計は8.8㎝長砲身型に対応し、ティーガーH3（VK4503（H））とされた。ヘンシェル社は開発を急ぎ、短砲身型8.8㎝KwK（L/56）搭載のティーガーH1の代わりに、生産を可能な限り早く開始するよう指示された。

しかしながら、早く設計を完了しようとするいかなる企ても、基本設計仕様の変更命令により無に帰してしまった。1943年1月3日、ヒットラーは現在進行している設計におけるティーガーの装甲厚を、側面80㎜、前面150㎜に強化することを要求した。さらに駆動機構等の工学的仕様が、1943年2月17日の会議においてに全面的に変更された。この会議は設計と生産に責任のあるキーパーソンによって構成されており、兵器および弾薬省（軍需省）のザウアー主務管長（事務次官）、戦車委員会のポルシェおよびトーマレ、兵器試験第6課のホルツホイヤー、ヴィルケ、クローンおよびラウ、兵器局のフィリップス、アルケット社のフライベアク、戦車部会のローラント、そしてクルップ社のヴェルフェアトの面々であった。

ティーガーH3車体の詳細設計に対して責任があるヘンシェル社代表が欠席しているという重要性については、会議では考慮されなかった。

この会議での重要な決定事項は、可能な限り多くの構成部品についてパンターⅡとティーガーH3で共用できるように、標準化を志向するということであった。標準化される構成部品のなかには、歯

砲塔番号"323"号車のクローズアップで後方は"324"号車。分割構造の砲身がよく確認できる。
（Bundesarchiv）

　車製作所（ツァーンラートファブリク）製AK7-200型変速機（トランスミッション）、マイバッハ発動機会社製空冷式HL230エンジン、ラジアルタイヤ付走行転輪（パンターIIに7個、ティーガーH3に9個）、そしてパンターIIの履帯のみならずティーガーH3の鉄道輸送用履帯についても660mmの幅広型履帯を用いることとされた。

　ポルシェはシングル・ラディウス・ステアリングギア機構（訳注5）で充分であると主張したが、ダブル・ラディウス・ステアリングギア機構（訳注6）については、もしテストの結果が良好である場合には生産シリーズに採用することとし、量産体制が準備された。ダブル・ラディウス・ステアリングギア機構は、車両が追従できる走行曲率半径（訳注7）の範囲がより広くなるという利点があったが、他方、可動部品数が増えて部品寸法はより小さくなるため、ダブル・ラディウス・ステアリング機構は単純なシングル・ラディウス・ステアリング機構に比べて、破損しやすいという問題があった。

　ヘンシェル社の戦車設計部長のアダース博士は、パンターIIと同じ部品を共用するという決定は、ティーガーH3の完成を3カ月遅らせたとのちに述べている。彼は標準化の要求は誤りであったとの意見であり、そのおかげでパンターIIの設計も遅延してしまったという。なお、パンターIIの生産はのちにキャンセルされた。

　歯車製作所製AK7-2000型変速機は、より軽量なパンターIで問題があったため、VK4501（H）のマイバッハOlvar401216型変速機が採用され、VK4503（H）に搭載可能なように改修され受領された。

　変速機に関する重要な改修は、オリジナルのOlvar401216型が経験した種々の問題点を改善したことである。これらの問題点は、内部に搭載された砲塔旋回用補助駆動変速機によって起こされたものであり、変速機ケーシング内部から補助駆動機構を移設したOlvar401216型B（モデルB）によって解決された。

　VK4503（H）の新型車体設計は、傾斜装甲板の採用により強化された。前面装甲板は傾斜角50度の150mm、車体前面ノーズ部分は傾斜角50度の100mm、車体上部構造側面は傾斜角25度の80mm、車体側面は傾斜角0度の80mm垂直板、後部装甲板は30度で80mm、デッキ面が90度の40mmの水平装甲板、前部天蓋板が40mmの水平装甲板で、後部天蓋板が25mmの水平装甲板であった。

訳注5：シングルラディアス（単一半径）式操向変速機のこと。曲がろうとする側のステアリングレバーを操作すると、遊星歯車を有するギア機構によってステアリングクラッチが動作して、曲がろうとする側の内側の起動輪の回転速度が減速し、履帯速度が落ちてある曲率半径により車両はカーブする。さらにステアリングレバーを操作すると、ステアリングクラッチが解放され、曲がろうとする側の内側の起動輪のステアリングブレーキが作動し、さらに履帯速度が落ちて曲率半径が小さくなる。構造は単純であり生産性も高いが、ダブルラディアス（二段半径）式操向変速機と比べて、操縦手の負担は大きかった。

訳注6：ダブルラディアス（二段半径）式操向変速機のこと。ハンドルを曲がろうとする側に切ると、直進用のステアリングクラッチが解放され、遊星歯車を有するギア機構により大曲率半径用クラッチが動作し、曲がろうとする側の内側の起動輪の回転速度を減速する。さらにハンドルを切ると、大曲率半径用クラッチが解放され、つぎに遊星歯車を有するギア機構によって減速比がより大きな小曲率半径用クラッチが動作し、起動輪の回転速度がさらに減速して車両の走行カーブは小さくなる。すなわち各ギアシフト段は大小2種類の固有曲率半径を有しており、クラッチがスムーズに繋がるため、事実上、無段変速機構に近く、操作もハンドルで行うため操縦手の負担は大幅に軽減された。しかし、部品寸法が小さくなり、構造も複雑となった。

訳注7：走行時に車両が曲がる軌跡と重なる円周の半径。

左頁●渡渉装置を取り外したあとの機関室デッキ。後方中央にあるボルト留めのカバーは、空気取り入れ口（エアインテーク）の開口部保護のために設置された。(Author)

訳注8：履帯を連結するためのピンを通してある穴にグリスを封入してあるものが湿式、穴にただの連結ピンを入れるものが乾式履帯である。

車体デッキ部分、すなわち砲塔の前面には大型の長方形カバープレートが装着され、メンテナンス作業の際、砲塔を撤去しなくても変速機と操向装置を吊り上げて移動することができた。また、エンジン上面にあるヒンジ式大型長方形ハッチと機関室デッキ全体は、エンジン、冷却装置と燃料装置のメンテナンス作業の際取り外し可能だった。

主砲の48発の砲弾は、車体両側面にあるケースに水平に貯蔵された。砲弾は両側面に3つのグループ（6発、7発および11発）に分割して貯蔵されており、各グループは20mm厚の金属板で仕切られ、スライド式の金属板によって遮蔽されていた。そのほかに10発から16発までの予備砲弾が、砲塔床の自由な場所に収納された。

回転式ペリスコープは、操縦手が前方を確認する場合に使用された。操縦手用座席、操向ハンドル、アクセルペダルは高さ方向の調整が自由であり、ハッチを開放して頭を外へ突き出して操縦することも容易に行えるようになっていた。

無線手用としては、ボールマウントに据え付けられたMG34用の球形照準眼鏡2型と、正面右側の天蓋に16度に傾斜して取り付けられたペリスコープが装備された。

駆動機構は、高性能のマイバッハHL230P30型、回転数3000rpmで出力750馬力の12気筒式エンジンから、8段変速マイバッハOlvar401216B型変速機を介してヘンシェルL801ダブル・ラディウス・ステアリングギア装置と最終減速機へと連なっており、最大速度41.5km/hを生み出すことができた。また、サスペンション装置はトーションバー機構であり、戦闘重量68.5tは両側面の挟み込み式（オーバーラッピング式）の直径800mmラジアルタイヤ付走行転輪によって分散された。乾式ダブルリンク型戦闘用履帯（訳注8）は幅長800mmであり、接地圧（20cm沈下時）は0.76kg/cm²であった。

クルップ型砲塔
Krupp Turrets

ティーガーP2の生産計画がキャンセルされたため、1942年12月7日にP2砲塔（今日ポルシェ型砲塔として一般的に知られている）用に発注された多数の構成部品を、H3砲塔へ改修することなしにそのまま流用することが決定された。

上●1944年7月、フランスで軍直轄第503重戦車大隊第1中隊の兵士達へ配給を行う、戦闘で捕虜となったイギリス軍兵士。ティーガーII "114"号車は、無線手用ペリスコープの視野を確保するために前面装甲板の先端を切り欠いている。
(Bundesarchiv)

下●ティーガーII "114"号車の砲塔が正面を向いており、単眼式照準器TZF9dが確認できるが、これは1944年5月からTZF9b/1の代替とされたものである。旧照準器の2番目の孔は閉塞された。
(Bundesarchiv)

P2砲塔の構成部品生産は、ポルシェティーガーの組み立てと砲塔製造の契約者であるクルップ社の下で順調に行われていた。クルップ社は、ほとんどの構成部品を優先的にカッセルのヴェックマン社へ配送して砲塔組み立てを完了した。

試作型砲塔を除き、ヴェックマン社はすべてのティーガーH3用砲塔の組み立てを請け負っていた。完成された砲塔は、これもカッセル近郊にあるヘンシェル工場へ送られ、ここでヘンシェル社によって車体に据え付けられた。

1943年1月15日にクルップ社は、砲およびペリスコープ付キューポラを装備した最初のティーガーH3用の試作型砲塔を、2月2日に内部装備品の供用試験と検査のためクンマースドルフへ送られたことを報告した。2番目の試作型砲塔は、内部装備品がすべて

上3点●この連続写真は、軍直轄第501重戦車大隊第3中隊の兵士たちが、ティーガーIIの前線出撃のための準備作業を行っているところを示している。出荷の際に塗られた基本色のダークイエローの上から、乗員がダークグリーンとレッドブラウンの迷彩塗装をスプレーしている。これは新しい量産型砲塔を装備した最初のティーガーIIのなかの1両である。予備履帯リンク用の支持架がないことから、1944年6月か7月上旬に生産された車両である。（Bundesarchiv）

備え付けられていたが短砲身が搭載されており、その欠点を調査するために射撃試験に用いられた。

このとき、約20基の砲塔がティーガーP2シリーズ用として発注され、組み立て中であった。その他の砲塔については鋳造処理中であり、短期間に40〜50基の砲塔ハウジングが完成予定であった。また、さらなる50基分の装甲板もすでに充分に確保されていた。生産期間のロスをなくすため、追加の砲塔50基をオリジナル設計のまま製造するか、指揮官用キューポラの側面バルジ（張り出し部）がなく正面装甲が直線的な新型砲塔の製造へ直ちに転換するか、緊急に決定する必要があった。

このため、旧設計において避弾効果がある正面装甲の下部曲面を廃止する研究調査がなされた。砲塔正面下部が20度の傾斜装甲とした場合、操縦手と無線手用ハッチは、砲塔ポジションが10時と2時のあいだは開閉不能となることがわかった。また、砲塔の正面下部エッジの高さは、車体デッキより110mmと高さが増大するが、依然として俯角となった場合にハッチの旋回範囲と防盾が干渉した。この結果、ティーガーP2用砲塔正面は、現状の通り丸みをおびたほっそりとしたものが継承されることとなった。

新型砲塔設計の問題点は、1943年1月の時点ではまだ解消されていなかった。砲塔正面装甲を180mmに強化したため、50度傾斜角の150mm正面装甲というオリジナル設計と比較して500kgほど重量が増大した。指揮官用キューポラのバルジは、もし砲塔側面傾斜が30度から21度に減少すると削除できることとなり、キューポラは砲塔中心より

に50mm位置が変更された。砲塔側面の装甲厚を80mmのまま傾斜角を変更したため、砲塔重量は400kg増大する見込みであった。さらに砲塔側面の傾斜角を21度に減少させ、従来と同等の防御力とした場合、装甲厚は80mmから90mmへ増大し、砲塔重量はさらに500kg増加した。これらの設計オプションについては、緊急に決定が必要とされた。

1943年2月17日に、クルップ社は兵器実験第6課のクローン中佐から、すでに製造された曲面装甲付ティーガーP2用砲塔50基のみについては、その完成が認められたと通知された。この兵器実験第6課の指示により、傾斜正面装甲を有する強化型砲塔は、ティーガーH3の51両目から使用されることとなった。

"ポルシェ"型砲塔
The `Porsche' Turret

オリジナルの"ポルシェ"砲塔は、意図的に砲耳位置が前方へ設計されていた。正面方向へ適度にオーバーハングされた結果、砲の駐退や空薬莢の排出や長い主砲の砲弾装填のスペースが確保された。

側面と天蓋の傾斜に沿って装甲は湾曲しており、100mm厚の砲塔正面装甲は、敵の戦車砲手にとって目標とするには非常に困難であった。戦車が水平でないときに砲塔旋回に必要なパワーを緩和するためには、砲塔バランスを確保することが必要であり、砲塔後部が延長されてカウンターウエイトの役目を果たした。副次的効果として、この特別なスペースは、既存の収納ラックにある主砲砲弾のアクセスを容易にさせた。制限された狭い砲塔内で長い砲弾を取り扱う装填手の作業は、砲尾に砲弾先端を正確な方向へ向けることが容易となった。

装甲防御力を強化するため、80mm厚の砲塔側面装甲は垂直から内側へ30度の傾斜角となった。このため、砲塔天蓋の幅が狭くなり、指揮官用ペリスコープ式キューポラを左側にあるバルジと合体させる必要が生じた。乗降部は指揮官用としてキューポラにピヴォット式（軸旋回式）ハッチ、装填手用にはすぐ頭上のハッチがあり、トーションバーの採用によって床に設置不能となったエスケープハッチが砲塔後面に設けられた。砲塔後面はすべての内部装備品の撤去を考慮した嵌合構造となっており、砲塔自体を取り外さなくても戦車砲が撤去可能であった。光学機器としては、照準手用に単眼式照準眼鏡9b/1、装填手用の固定式ペリスコープ、指揮官用キューポラの全周旋回型ペリスコープが装備された。オリ

迷彩塗装が完了したあとで、乗員が泥除け装甲板を装着している。砲塔番号"300"は黒色であるが、規則によると、これに白色の縁取りをしなければならない。予備履帯リンク用の支持架は、このティーガーIIが1944年7月に生産されたことを示している。(Bundesarchiv)

ジナル設計では砲塔左側面に設けられたプラグ(閉鎖栓)付ピストルポートと薬莢排出口は溶接止めされ、組み立て工場からの出荷前にツインメリットコーティング(訳注9)が塗布された。薬莢口は砲塔天蓋の排気ファン用装甲カバー後方に移設された。砲塔天蓋に近接防御兵器を追設することにより、ピストルポートの必要性はなくなった。

　360度回転可能な近接防御兵器は、榴弾、煙幕弾および信号弾が発射可能であった。副武装としてはMG34が主砲右側の同軸上に搭載され、2番目のMG34が対空防御兵器としてキューポラリングに装備された。

量産型砲塔
The series turret

　新しい量産型(Serienturm：生産シリーズ)のティーガーH3用砲塔は、正面装甲180mm、側面装甲80mm、そして天蓋が40mmの厚さであった。主砲防盾は、とくに攻撃や妨害に対して問題がないように設計されていた。また新設計では射撃時の爆風のエアポケットが生じることがなくなり、デッキ方向への射撃偏差が改善された。

　すべての構造物が砲塔内部で分解できるように考慮された結果、砲塔後部の新しいハッチは移設された。

　側面装甲の傾斜が小さくなり、砲塔後部に設けられた弾薬収納用ラックのスペースがより広くとれるようになり、ポルシェ砲塔の16発に比べて22発が収納可能となった。砲塔天蓋の構造物は、以前と変わりはなかった。わずかな改善として、排気ファンが砲尾の真上にくるように近接防御兵器の位置が前方に移動し、装填手用ハッチはより後方に下げられた。

official designations
公式名称と変遷

　1943年3月13日、ティーガーH3に替りティーガーIIという名称がはじめて公式に使用された。公式名称は装甲戦闘車両ティーガーB型および装甲指揮車両ティーガーB型(指揮戦車ヴァージョン)であり、命名は兵器試験第6課で公式指示日は1943年6月2日であった。この公式名称はしばしばティーガーB型と短縮された。公式名称のフルタイトルは機甲兵総監によって定められ、装甲戦闘車両ティーガー(8.8cm)(Sd.Kfz.182)B型および装甲指揮車両ティーガー(Sd.Kfz.267および268)B型として、訓練および保守マニュアルやK.St.N.(戦力定数指標表)(訳注10)などに用いられた。

　通称であるケーニッヒスティーガー(キングタイガー)は、1945年1月初旬に、シュペーア軍需大臣(訳注11)からの月産報告書のなかで、はじめて非公式に使用された。この名称は戦争期間中に戦車部隊や兵器局によって公式に認められたものではなかった。

装甲指揮車両ティーガー
Panzerbefehlsswagen Tiger

　ティーガーIIの指揮戦車型、すなわち装甲指揮車両ティーガーB型は、無線機や器材の増強のためにスペースが必要となったため、携行する主砲用砲弾は63発となった。装甲指揮車両の常として、ふたつのヴァージョンが計画された。

訳注9：マグネット吸着式成形炸薬爆雷の吸着を防ぐため、磁性を弱め表面の凹凸により吸着を困難とする防護塗料のこと。ツィンマー社が開発したのが名前の由来であり、一種の乳状セメントである。ティーガーIIの必要部分に塗布するためには、200kg以上のツィンメリットコーティングを必要とした。

訳注10：K.St.N.(戦力定数指標表) Kriegsstärkenachweisungenの略称。ドイツ陸軍はあらゆる兵科の部隊ごとに、基本的には中隊ごとにその兵員、装備、車両などの編成上の定数を指標として定めていた。

訳注11：アルベアト・シュペーア 1905年生まれ。代々建築家の家に生まれ、年少より建築家を志す。1931年にナチス党に入党し、1934年のニュールンベルク大会の演出を担当し、ヒットラーにその才能を認められ、1937年には国家建築総監に就任している。1942年にフランツ・トットが事故死すると兵器および弾薬製造(軍需)大臣に任命され、以後、資材調達から開発、生産工程を一元化して軍需工場の再編成に努め、軍需製品の生産性を飛躍的に向上させた。例えば戦車の1944年の総生産台数は9161両に達し、1939年の実に10倍以上にもなっている。戦後、ニュールンベルク裁判で禁固20年に処せられたが途中で釈放された。1985年に死去。

Sd.Kfz.267はFuG8（30W発信機と0.83から3MHzまでの周波数帯域の中波帯域受信機）が砲塔内に、そして通常型FuG5（10W送信機と27.2から33.4MHzまでの周波数帯域の極短波帯域受信機）が車内に装備されていた。この装甲指揮戦車は、アンテナ基部No.1（基部直径104mm）が大型装甲円筒に保護されたインシュレーター（絶縁体）の上に備え付けられているのが特徴的であり、その場所は後部デッキ中央で以前は渡渉装置が占めていた場所であった。FuG8用星形アンテナD型（スターアンテナ）は、この基部の上に取り付けられた。FuG5用2mロッドアンテナは砲塔天蓋に設置された。

Sd.Kfz.268はFuG7（20W送信機と42.1から47.8MHzまでの周波数帯域の極短波帯域受信機）とFuG5が装備された。この装甲指揮車両はFuG7用1.4mロッドアンテナが後部デッキに装備されているのが特徴的であった。また、FuG5用2mロッドアンテナは砲塔天蓋に取り付けられた。

上および下●公式マニュアルからの転写：鉄道輸送用の準備が整ったティーガーIIの写真。履帯は狭い輸送用履帯である。（Author）

生産状況
Production history

試作型車両3両の最初の発注に続き、初期量産型ティーガーII 176両が1942年10月に発注された。1942年11月のポルシェ型ティーガーのキャンセル後、契約はすみやかに拡大されて350両が追加発注された。さらにその後、契約は発注合計1500両以上に拡大された。

1942年10月に策定された当初生産計画の通り、最初のティーガーIIは1943年9月に完成し、月産数は1944年5月には目標の月当たり50両に拡張することとされた。この生産スケジュールは、1944年の春季攻勢にティーガーIIを100両必要とする機甲兵総監を満足させた。

しかしながら生産の遅延により、最初の試作型である車両番号No.V1が、兵器局検査官によって受領されたのは1943年11月であった。後続の試作型2両、すなわち車両番号No.V2およびV3、それから最初のティーガーII量産型の3両（車体番号No.280001-280003）については、1944年1月に受領された。生産は1945年3月までに試作型3両と489両の量産型ティーガーIIがヘンシェル社によって生産された。

ヘンシェル社の生産は、9月22日、

表2：ティーガーIIの生産数集計表

年／月	月産目標	検査官による受け入れ数	実際の配備数		
			標準型	指揮型	再生型
'43年10月	0	0	0	0	0
11月	1	1	0	0	0
12月	2	0	0	0	0
'44年1月	3	5	0	0	0
2月	5	5	5	0	0
3月	6	6	1	0	0
4月	12	6	6	0	0
5月	20	15	19	0	0
6月	25	32	24	0	0
7月	45	45	46	0	0
8月	80	94	74	0	0
9月	100	63	82	4	0
10月	120	26	13	0	0
11月	40	26	28	3	4
12月	60	56	47	4	0
'45年1月	60	40	40	0	2
2月	35	42	32	3	1
3月	45	30	25	0	6
合計	659	492	442	20	13

27日および28日、10月2日および7日の5回にわたる一連の爆撃により、しばしば中断を余儀なくされた。合計2906tの高性能爆弾と1792tの焼夷弾が、重要目標としてヘンシェル社の生産プラントへ投下された。これにより、ヘンシェル社の生産プラントの床面積の95%が破壊された。12月15日にも工場は爆撃され、復旧作業がこれにより遅れることとなった。

さらにカッセルおよびその近郊全域が激しい爆撃に見舞われ、その結果、10月22日から23日、1944年12月30日から1945年1月1日の期間は、ティーガーIIの生産は中断された。この爆撃は、1944年9月から1945年3月の期間において、少なくとも657両のティーガーII（計画数940両に対して生産数283両）の生産損失を招いた。なお、ヘンシェル社のすべての戦車生産は、1945年3月で終了している。

改修
Modifications

すべてのドイツ戦車の生産においては、生産期間中に頻繁に改修が施された。これらの改修の努力は、広い範囲での戦車性能の向上をもたらした。すなわち、砲撃能力の強化、防御力の増強、製造簡易化のための設計単純化、生産日数の短縮努力などである。

これらの改修事項は、モデラーや歴史研究家や軍事愛好家の大いなる興味をひきつけている。また、シール材やガスケットの取り替えにともなう変更や、ボルトサイズの変更などが頻繁に行われた。とくに内部駆動機構の改善は、機械的信頼性向上という意味で重要であったが、それが内部構造物であることと、サイズが小さい小部品であることなどから詳細は不明であるが、これらの改修のひとつひとつは、本質的にティーガーIIの外観や技術能力を変えるものではなかった。

いくつのケースでは、改修をはじめてからすべてが新しい型のティーガーIIに切り替わるには、数ヶ月かかることもあった。これは"ラスト-イン-ファースト-アウト"効果（訳注12）、すなわち、貯蔵された古いパーツを補充し、埋め合わせ、あるいは逆に入手不能とさせる新しいパーツの出荷分の貯蔵が原因である。新しいパーツは、それらがなくなって古いパーツが使用されるまでは、手に入れることは容易であった。この現象の例は、現在博物館にある2両のティーガーIIにみることができる。ドイツのムンスター戦車博物館のティーガーII（車体番号No.280101、1944年7月製造）は砲塔番号No.280110が搭載され、その番号はたがいに整合性があるが、アバディーン兵器博物館に所属するティーガーII（車体番号No.280243、1944年9月製造）の砲塔番号はNo.280093であり、車体より3ヶ月も前に製造された砲塔が搭載されている。(オリジナル砲塔のシリアルナンバープレートの番号は、鹵穫後も変更されていない)

改修項目は変更が発生したオーダーの年代順にリスト化されている。一番多い月は最初の月であり、工場出荷時のティーガーIIに施されたものである。新しい改修が開始された正確な時期または車体番号がわかる場合、これらはリストに載っているが、そのほかの場合は、その変更がティーガーIIに最初に施された時期が記載されており、実際は工場においてその変更が完全に行われるまでには、しばしば数ヶ月間の期間を要した。

1944年1月

試作型3両に装備されたヒンジ式側面板3枚を有する平らな前部フェンダーは、側面

ティーガーII、車体番号No.280215の後部機関室デッキ。1944年9月上旬に生産されたもので、渡渉装置用の空気取り入れ口（エアインテーク）のカバーが確認できる。このティーガーはスイスのトゥーンに展示されている。(Author)

訳注12：もともとは棚卸し資産の評価方法であり、後入先出法ともいう。売上原価として計算する商品や製造原価となる原材料は、帳簿の上では会計期間中に最後に購入された価格で払い出しの記録をするという評価方法である。すなわち、安いうちに買ってストックして置き、その商品や原材料が品薄になって価格が上昇したとき、払い出して使用すると差益が得られる。新しいパーツを使い切ってから古いパーツを使用した例に対しての比喩的表現として使われている。

フェンダーの形状に合った湾曲した形となり、量産型の車体番号No.280001から用いられた。

ツィンメリットコーティングも、量産型ティーガーIIの車体番号No.280001から開始され、試作型V1、V2およびV3には塗布されなかった。

1944年2月

高温の排気ガスが空冷システムへ吸入されることを防ぐため、整流板付の直立型排気管からベント型排気管へ置き換えられ、ティーガーの車体からまっすぐ排気されるようになり、金属製の防熱板は削除された。この改修はすでに試作型3両でテスト済みであったが、最初の量産型ティーガーIIの何両かには施されていなかった。

2月はじめ、冷却水加温装置がマイバッハHL230P30エンジンの左側に装備された。ブロートーチ用の接続口が、車体後面の左側排気管防護ガードの下方に設置され、使用しない場合、接続口は2個のボルトで楕円形装甲板を取り付けることにより防護された。冷却水加温装置は、エンジンを始動する前に冷却水を予熱するため冬季に使用された。

1944年5月

ティーガーIIのオリジナル戦闘用履帯Gg24/800/300は、メインリンクと終端接続部3カ所をもつ接続用リンクおよび履帯ピン2個からなるダブル履帯リンク方式であった。この設計では、車両が片方に引っ張られないようにするため、左右同じ履帯にする必要があった。各ダブルリンクの重量は62.7kgであり、18枚歯のスプロケットにより駆動された。このダブルリンク方式は、非常に自由度がある設計であり、小さな抵抗ですぐ曲がるようになっており、履帯駆動中のパワーロスは少なかった。しかしながら、このオリジナル設計は履帯がスプロケットの上へ上って行く傾向があり、このために引っ掛けたり跳ね返ったりした。また、リンク間の間隔が一定ではなくバリエーションがあるため、スプロケットの歯の部分が不均等に磨耗し、内部の駆動機構に対する応力の原因となった。

新型ダブルリンク式履帯(戦闘用履帯)は、ガイドがない鋳造型接続リンクを有しており、1944年5月からヘンシェル社によって生産された。この新設計は旧設計に比べて自由度は失われ、横方向の動きに対しては抵抗が増した。また、メインリンクのみが9枚歯のスプロケットにより噛み合う方式となった。この新型戦闘用履帯は1944年5月以前に生産されたティーガーIIへも反映された。

従来使用されていた両眼式砲塔照準眼鏡9b/1に代わり、単眼式砲塔照準眼鏡9dが採用された。ポルシェ砲塔の前面に設けられた2番目の照準用開口部を閉塞するため、その場所には装甲プラグが溶接された。

8.8cmKwK43(L/71)のオリジナル量産型は、ワンピース型の一体成型(モノブロック)構造の砲身からなっていたが、1944年5月はじめから序々に、性能を落とさずにより生産性が向上するツーピース型の部分的一体成型構造の砲身に代替された。また、ツーピース型の砲身には、より軽量で小型のマズルブレーキが採用された。

1944年6月

渡渉装置の要求は、1944年中旬まで弱まることはなかった。すなわち、標準型16t工兵用架橋をティーガーIIが渡れることが発見されるまでは、河川は水中渡渉しなければならないと考えられていたのであるが、これにより渡渉装置は不必要とされた。実際、渡渉装置は、実験的な意味で数両のティーガーIIに装備されただけであった。

1944年6月以降に製造されたすべて、および6月以前に製造されたほとんどのティーガーIIについては、吸気配管用にデッキに嵌めこまれた空気取り入れ口(エアインテーク)を覆うヒンジ式ベル型の装甲カバーに代わり、ワイヤー製メッシュスクリーンが装備

された。

　1943年2月17日付けの兵器試験第6課のクローン中佐からの指示により、ようやく"ポルシェ型"砲塔50基の製造がオーソライズされたが、その曲面装甲板についてはすでに成型されていた。最初に発注されたポルシェ試作型用の砲塔3基についても、クルップ社によって1944年4月から8月にかけてヘンシェル社製車体へ搭載された。

　強化され傾斜した前面装甲をもち、指揮官用キューポラの張り出し部をなくした砲塔は、クルップ社によって設計され、ティーガーIIへ1944年6月の車体番号No.280048から搭載されはじめた。

　3個のピルス（円筒状ソケット）が砲塔天蓋に溶接され、2tクレーン（組み立て式ジブクレーン）の装着基部として使用された。2tクレーンは車体デッキを吊り揚げ、搭載された駆動装置を車両から取り外したり、近接する車両から装置を吊り揚げたりするために使用された。1944年6月から一般指示事項として、初期に生産されたこれらの改修がなされていないティーガーIIについて、反映するよう正式認可された。

1944年7月

　1944年7月より、予備ダブル履帯リンクを搭載するため、砲塔両側面の前面に支持架とホルダーが溶接された。1944年11月、両砲塔型式を有するティーガーIIへこの改修を反映する許可が部隊へ与えられた。この改修は1944年5月8日の実弾射撃試験後に、クローン中佐が80mm装甲板の上に予備履帯リンクを装備することで防御効果を得るよう指示をしたことによるものである。垂直および傾斜角10度の装甲については、中口径の対戦車砲弾による貫通性能を減ずる効果が実際にあるという結果が得られた。また、30度とそれ以上の急傾斜の装甲については、防御力が増加し、10度から30度までの傾斜の装甲については、防御力に変化がないことが確認された。

1944年8月

　狭幅型（幅660mm）の輸送用履帯は、ティーガーII専用鉄道輸送のためのS型ワゴン（貨車）に常備された。ティーガーII用の輸送用履帯とティーガーIで使用されたものを容易に識別可能とするため、履帯リンクの2枚ないし3枚が10枚ごとに赤く塗られることとなった。この変更は、1944年8月3日の一般指示事項の発令から、4週間から6週間以内に完了することとされた。

　1944年8月19日付の一般指示事項にしたがい、すべてのティーガーIIの標準迷彩パターンは、ヘンシェル工場から出荷する前に塗装されることとなった。このため、8月出荷分のティーガーIIに新しい"アンブッシュ"パターンの迷彩を施すためにあらゆる努力が払われた。オリーヴグリーン（RAL6003）とレッドブラウン（RAL8017）の斑点塗装は、基本塗装であるダークイエロー（RAL7028）の上からスプレー塗装された(訳注14)。これ以前のすべてのティーガーIIは、レッドプライマー（赤色の錆び止め剤）が下塗りされ、ツインメリットコーティングを塗布した上からダークイエロー（RAL7028）をスプレー塗装されて出荷され、個々の部隊で迷彩塗装されていた。

　生産を簡易にするため、車体番号No.280177からティーガーIIの車体内部は、エルフェンバイン（アイボリー）塗装はされなくなり、大部分は装甲板製造会社で塗布されたレッドプライマーのまま出荷された。

1944年9月

軍直轄第503重戦車大隊は1944年9月9日に、オリジナルのティーガーII26両はそのままにして、わずか2両をともなってフランスから引き揚げられた。パーダーボルンのゼンネ演習場で、大隊は9月19日と22日に新製ティーガーII43両を支給された。中隊長車である"300"号車はまだツィンメリットコーティングが施されているが、中隊長（訳注13）の顔の後方にあるティーガーII2両は、もはやツィンメリットコーティングが施されていない。(US official)

訳注13：第503重戦車大隊第3中隊長は、当時、ヴァルター・シェルフ中尉であるが写真の人物はリヒャルト・フライヘア・フォン・ローゼン少尉であると思われる。ハンガリー戦の戦功により1945年2月28日付でドイツ黄金十字章を授与されている。なお、この"300"号車は、1944年11月3日ハンガリーのウローにおいて、敵対戦車砲により撃破された。

訳注14：RALはドイツの産業の品質監督、基準・規格設定の業務を行うため、1925年に設立された「帝国工業規格」の略称。ドイツ陸軍が使用した多くの塗料が、RALの規格番号で管理されていた。この機関は現在も存続し、日本語名称は「ドイツ品質保証・表示協会」。なお、規格番号は1953年から段階的に改正されており、本書に記載されている分類番号は「帝国工業規格」当時のものである。

1944年9月9日の指示により、消磁用ツィンメリットコーティングは新たに生産される戦車製造工場においては塗布されなくなった。これは1944年10月7日付の指示において、現場部隊がコーティングなしで受領した戦車に対してツィンメリットを塗布しないように徹底された。これらの指示は、砲弾が命中した時にツィンメリットが発火し、もし砲弾が貫通しない場合でも戦車を損傷する恐れがあるとの噂に基づくものであった。11月に射撃テストが実施され、徹甲弾、HEAT弾および白色燐酸弾が、ツィンメリットコーティングされた鹵獲T-34に撃ち込まれたが、すべての場合において発火は認められなかった。しかしながら、ツィンメリットコーティングを中止せよというこの指示は、撤回されることはなく、すべてのティーガーIIについて1944年9月中旬以降は、ツィンメリットの塗布なしで出荷された。

1944年10月9日の別途の指示により、ツィンメリットをコーティング済みのティーガーIIに対しては、生産工場で従来塗装に使用されていた塗料よりも薄い塗料が使われた。

1944年10月31日付の指示により、ヘンシェル社はダークイエロー(RAL7028)の基本塗装をティーガーの外面に行うことを中止した。すなわち、ヘンシェル社は出荷前に、レッドプライマーの上から直接ダークイエロー(RAL7028)、レッドブラウン(RAL8017)およびオリーヴグリーン(RAL6003)を使用して、迷彩パターンを塗装することとしたのである。ダークイエローが手に入らない場合は、フィールドグレイが代用として控えめに使われた。

1944年9月にこの指示が発せられるまえに、すでにティーガーIIはダークイエローの基本塗装なしで工場から出荷されており、レッドプライマーの多くの部分が塗装されていなかった。また、塗装されたエリアも迷彩ペイントは非常に薄く塗布された。

1944年9月15日近くに完成した車体番号No.280255のティーガーIIから、後部デッキにある伸縮型の吸気配管用開口部を円形プレートでボルト留めした。これは、砲弾破片が直接開口部から搭載された燃料タンクを貫通するのを防止するための改修であり、現地部隊からの要望が反映され承認されたものであった。

1944年10月

20t車両用ジャッキがティーガーIIに搭載されなくなったことから、ジャッキ搭載用の保持用ブラケットが、後部に溶接されなくなった。

1944年12月

1944年11月末に、装甲板製造会社(D.H.H.V.社／訳注15)、クルップ社とスコダ社)は、ヘンシェル社やヴェックマン社の組み立て用に出荷するすべての装甲部材について、ダークグリーン(RAL6003)の塗料で基本塗装を施すこととした。すでに出荷された部材の予備品が使い尽くされるのを待つまでもなく、1944年12月20日に兵器局は、ヘンシェル社に対して、速やかにダークグリーン(RAL6003)の塗料でティーガーIIの外面基本塗装を開始するよう指示した。境界線がはっきりとしたこの迷彩パターンには、レッドブラウ

上2点●戦争から手を引こうと試みたホルティ政府に対して、行動を起こしたサラシの矢十字軍の支援のため、1944年10月12日に第503重戦車大隊は、ハンガリーへ輸送された。1944年10月15日、"233"号車はドナウ河を見わたす「王宮の丘」で任務に就いた。対空機関銃用ブラケット基部がキューポラリング上にクランプ留めされている。(Bundesarchiv)

訳注15：D.H.H.V.社はドルトムント・ヘルダー・ヒュッテンフェアアイン(合同製錬所)(ドルトムント)の略称である。

ン（RAL8017）とダークイエロー（RAL7028）の塗料が使用された。

　兵器局は、航空攻撃による破片や小銃弾の侵入を防ぐため、後部デッキの吸気口グレーチング上に保護カバーを取り付ける改修を認可した。この改修は兵器局所有のティーガーII 1両に施された。写真資料によれば、このプレートはヘンシェル社の工場で取り付けられたわけではないが、改修が現地部隊によって行われたという資料は見あたらない。

1945年1月

　1944年9月に装甲板製造会社は、照準器用視認孔上に逆さU字形ガードを溶接する改修を指示された。このガードは、視認孔内への雨水侵入防止のためのものであった。また、砲塔表面のくぼみが大きくなり、ガードにより日没や旭日方向の照準時に照準手が視認しにくい角度が緩和できた。装甲板製造会社によりすでに出荷された砲塔が使いつくされるまでに間があるため、この改修が日常化するのは1945年1月以降のこととなった。

1945年3月

　新型設計のシングルピン式戦闘用幅広型履帯Kgs73/800/152の生産が、1944年11月末頃に認められた。この新しい履帯は18枚歯のスプロケットで駆動し、1945年3月にヘンシェル社にて製造されたティーガーIIに使用された。

工場における改修
Factory modifications

　以下3点の改修については、工場から出荷されぬまま鹵獲されたティーガーIIには施されていたが、実戦投入された戦車には適用されていなかった。完成したが搭載されなかった砲塔も工場で鹵獲されたが、3点の最終改修は施されていなかった。

　まず、予備履帯Kgs73/800/152の履帯リンクを1枚ずつ保持する3組の支持架とホルダーが、砲塔両側面の左右に溶接された。従来は、初期のダブルピン式履帯リンク用に設計

ヘンシェル型砲塔の主砲と防盾のクローズアップ。ツィンメリットコーティングと砲塔側面の予備履帯リンクがよくわかる。（Bundesarchiv）

現ハンガリー軍事歴史博物館と研究所の付近で任務に就く第503重戦車大隊のティーガーII。ドイツとハンガリー兵士達が物珍しさに試乗している。（Bundesarchiv）

された支持架とホルダーが2組であった。

それから、対空機関銃クランプ用リングは、指揮官用キューポラのペリスコープガードの上には溶接されなくなり、キューポラ基部に溶接された取り付け部に、ダブルアーム状のものを取り付けて固定される方法となった。

3点目は鋼製リング5個が砲塔両側面に溶接された。これは、カモフラージュ用の小枝などを取り付けるためのものであった。

1945年2月28日に装甲板製造会社は、新型測距儀（レンジファインダー）用の砲塔改修をいつ行えるかとの質問を受けた。D.H.H.V.社は3月31日までに最初の砲塔を製造する努力をすると回答し、ヘンシェル社は1945年7月中旬に製造予定の第601番目の砲塔から開始することを約束した。しかしながらこの努力は遅すぎ、カッセルの工場がアメリカ軍部の手に落ちる前に、新型測距儀を装備したティーガーIIを完成させることはできなかった。

ヘンシェル社は1944年12月12日付けで装甲板製造会社へ、エンジンのアクセス性向上のため後部デッキ開口部を拡張するという設計変更を指示した。この拡大された開口部は3分割のハッチでカバーされることとなり、ヒンジで分割された各カバーには空気口用カウリングを有していた。ラジエーター上方の吸気用グレーチングは、細かい目のワイヤーメッシュで覆われこととなった。装甲板製造会社はすべての予備パーツが消費されるまで、従来設計の後部デッキを製造することを許可されており、その後、新型設計の後部デッキの製造へ移行することとされた。

一部組み立てられたパーツのストックが通常2カ月から6カ月分であることを考えると、ヘンシェル社で生産されたすべてのティーガーII 489両に必要な組み立て部材は、すでに発送済みであったというのは非現実的であり、したがって、何両かのティーガーIIは機関室デッキ上の3分割型ハッチを装備した新型後部デッキを装備していた可能性がある。

firepower

砲火力

主砲によって生み出される砲火力の性能は、徹甲弾の貫通能力、固有の精度、照準特性や砲手が迅速かつ正確に照準を定めうるようにする能力などに左右される。装甲板の貫通特性については、垂直から30度傾斜したときに貫通できる装甲板の厚さmmにより評価されていた。

8.8cmKwK43（L/71）から発射された徹甲弾の貫通能力は、表3に示されるような結果の通り、射撃距離ごとの試射により決定された。

砲弾携行数は合計86発（80発はポルシェ砲塔搭載のティーガーII）であり、推奨比率は50％がPzgr.39/43（炸薬および曳光弾頭付き被帽型徹甲弾）、50％がSprgr（榴弾）であった。

可能である場合は、ソ連の重装甲戦車や駆逐戦車に用いるため、数発のPzgr.40/43（高速テーパーボア型タングステン弾芯）が携行された。Pzgr40/43は炸薬弾頭がないため、Pzgr39/43と違って貫通後に致命的な効果をもたらすものではなかった。

第4のタイプはGr39/43HL（HEAT）砲弾で、成形炸薬（ホローチャージ）理論に基づくものであった。このタイプは長距離では貫通能力が劣り、命中率が悪くPzgr39/43に比べ

て破壊力が小さかったが、Gr39/43HLはSprgr（榴弾）の収納架に入れて携行可能であり、対戦車砲弾としても、目標が非装甲の場合には榴弾としても使用できた。

8.8cmKwk43（L/71）は、1000mを越える距離からの射撃においても、初弾命中率が非常に高い砲撃精度が優秀な砲であった。その砲撃精度は、戦車の正面に置かれた高さ2m、幅2.5mの目標の命中率（％）によって評価された。このページに掲載した命中率の表は、ターゲットまでの実際の射程は既知であると仮定に基づいたものである。実戦ではストレスがかかるため、訓練で標的を撃つ場合の方が命中率は明らかによかった。この相違については、8.8cmKwK43（L/71）のオリジナルマニュアルに載っている砲撃精度の比較表を表4として掲示する。

実戦に投入されたティーガーIIの大部分は、主砲と同軸上に水平に搭載されていた単眼式砲塔照準眼鏡9dによって照準を合致させた。照準手は3倍と6倍の2つの倍率を、選択可能であった。低倍率の方は目標認識のための広い視野を有し、高倍率の方は射程が長い場合に正確に狙うときに用いられた。

照準手は照準器を通して、4mmごとに区分されたメッシュパターンのなかにある7個の三角形をみて、視野が妨げられないように目標を三角形の頂点にセットするようになっていた。三角形と三角形の間は、目標の移動速度を測定するために使用された。三角形の高さとmmで示される区分された間隔は、目標までの測距の補助に使用された。

選択式の2つのレンジ目盛は、照準手が目標までの正確な距離を計算するために使用された。Pzgr39/43用のレンジ目盛は、100m刻みで3000mまで示されており、Sprgr43用の2次レンジ目盛は、5000mまで刻まれていた。

目標を迅速に捕らえるため、ティーガーIIは砲塔旋回用油圧機構を備えていた。油圧駆動で砲塔旋回を行う場合、その速度はエンジン回転数に依存し、照準手による低速または高速の2ウェイ選択方式であった。高速砲塔旋回の場合、エンジン回転数が2000rpm以上であれば360度回転するのに19秒かかった。エンジン最大回転数の3000rpmの場合、砲塔は10秒以内に360度回転可能であった。

油圧駆動装置は、照準手が選択した目標を照準ファインダー内に素早く収めるために、大雑把に狙いをつけられるために用いられ、微調整は照準手の射界および高低射界用手動ハンドルにより行われた。もし、油圧駆動が故障した場合、砲塔は照準手の手動ハンドルで旋回可能であり、その場合は装填手が補助射界用ハンドルにより助勢することができた。手動旋回のギア比は、戦車が3度の傾斜にあった場合でも、1名で比較的容易に手動旋回可能なように設定されていた。

表3：装甲貫通能力

	徹甲弾39/43	徹甲弾40/43	成形炸薬弾39/3HL
弾薬重量	10.2kgs	7.3kgs	7.65kgs
初速	1000m/sec.	1030m/sec.	600m/sec.
距離			
100m	202mm	238mm	90mm
500m	185mm	217mm	90mm
1000m	165mm	193mm	90mm
1500m	148mm	171mm	90mm
2000m	132mm	153mm	90mm

表4：命中精度

砲弾種別	徹甲弾39/43		徹甲弾40/43	
	演習時%	戦闘時%	演習時%	戦闘時%
距離				
100m	100	100	100	100
500m	100	100	100	100
1000m	100	85	100	89
1500m	95	61	97	66
2000m	85	43	89	47
2500m	74	30	78	34
3000m	61	23	66	25
3500m	51	17	--	--
4000m	42	13	--	--

旧政権を支持するハンガリー人により設置されたバリケードを乗り越えて進むティーガーII "200"号車。第503重戦車大隊第2中隊の中隊長車である。第503重戦車大隊はのちに1944年12月21日に戦車軍団 "フェルトヘルンハレ" の一部となり、重戦車大隊 "フェルトヘルンハレ" と改称された。(Bundesarchiv)

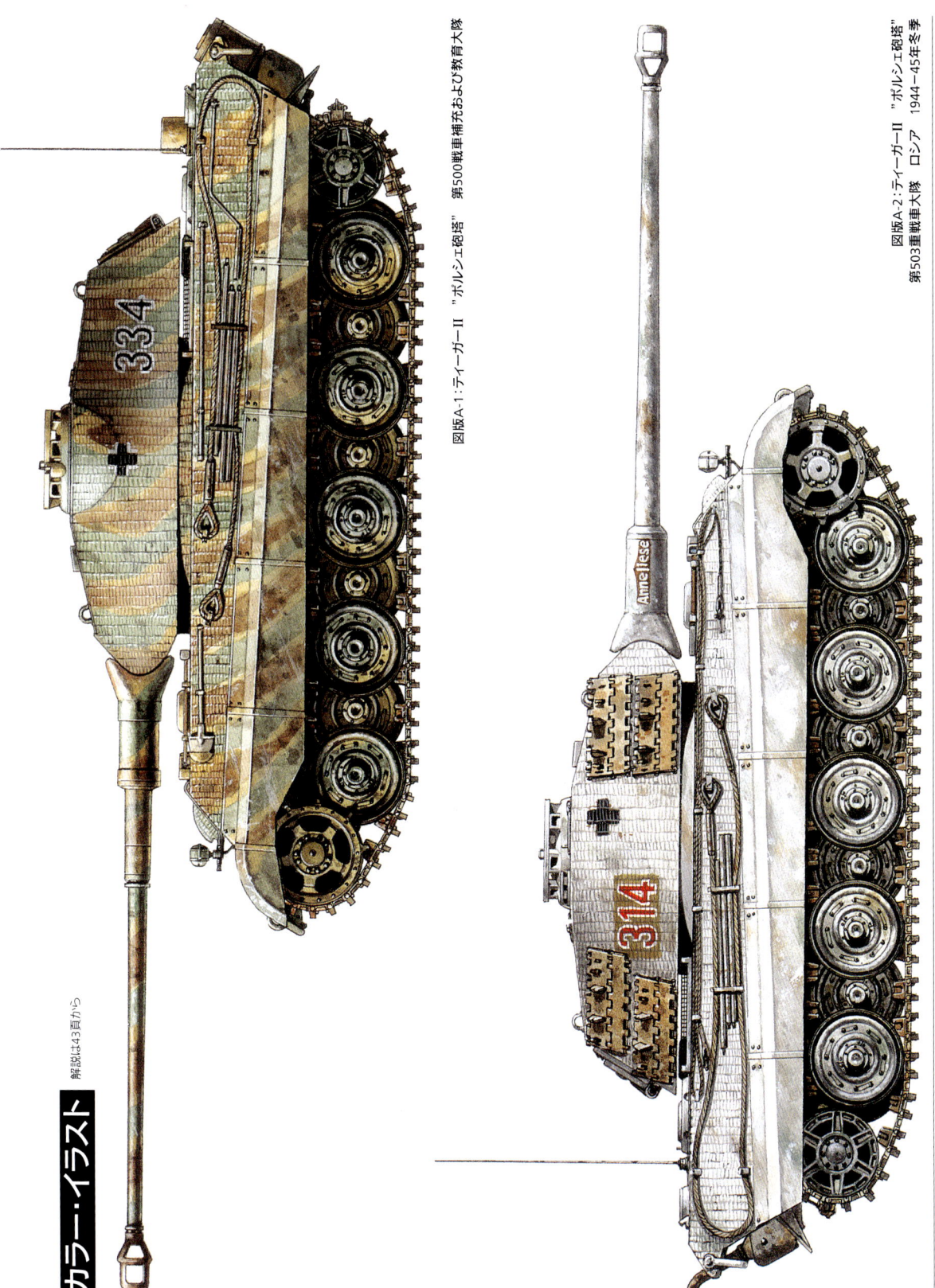

カラー・イラスト
解説は43頁から

図版A-1：ティーガーII "ポルシェ砲塔" 第500戦車補充および教育大隊

図版A-2：ティーガーII "ポルシェ砲塔" 第503重戦車大隊 ロシア 1944-45年冬季

A

図版B-1：ティーガーII 第503重戦車大隊 ブダペスト 1944年10月

図版B-2：ティーガーII 第511重戦車大隊 1945年5月

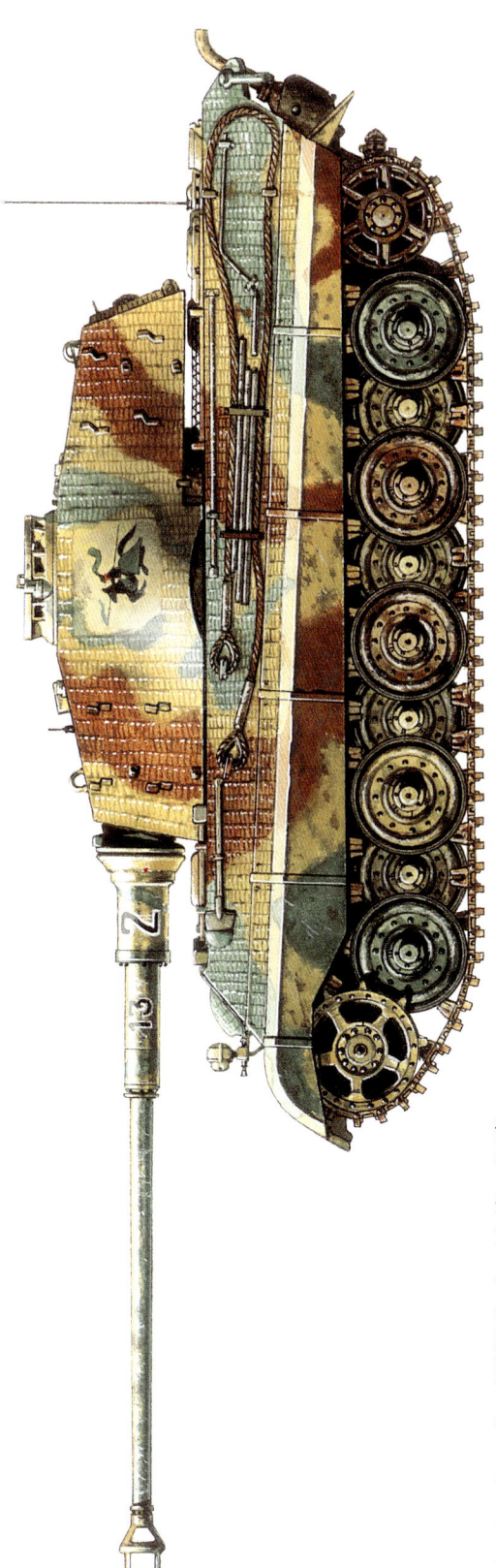

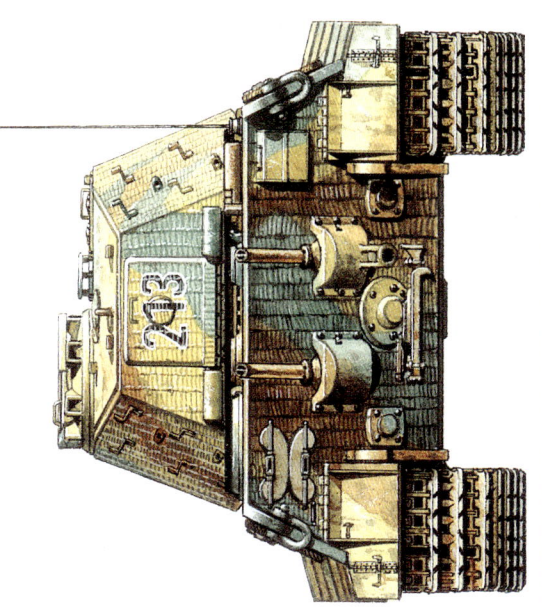

図版C：ティーガーII　第505重戦車大隊　チューリンゲン　1944年

図版D:
装甲戦闘車両ティーガーB型 "ヘンシェル型砲塔"

仕様
乗員：5名
戦闘重量：69,800kg
出力重量比：10.7hp/ton
履帯部全長：6.400m
砲身前向きの際の車体長：10.286m
車体全幅：3.755m
エンジン：マイバッハHl230 P30 V12ガソリンエンジン、700馬力
変速機：マイバッハOlvar型OG401216B、前進8段、後進4段
燃料携行容量：860リッター
最大速度(路上)：38km/h
最大速度(不整地)：15-20km/h
最大巡航速度：38km/h
最大航続距離：巡航速度で170km

燃費：500リッター/100km
渡渉水深：1.60m
兵装：8.8cmKwK43 L/71 (8.8cm71口径43式戦車砲)
主砲弾薬：
　8.8cm徹甲弾39/43 (徹甲弾、タングステン弾芯)
　8.8cm徹甲弾40/43 (徹甲弾、タングステン弾芯)
　8.8cm榴弾43 (高性能爆薬)
　8.8cmHl弾39 (成形炸薬弾(ホローチャージ弾))
砲口速度：1000m/sec (徹甲弾39/43の場合)
最大有効射撃距離：10,000m (榴弾43の場合)
主砲砲弾携行数：84発
主砲高低射界：俯角-8度／仰角+15度

各部名称
1. マズルブレーキ
2. 8.8cmKwK43 L/71 (8.8cm71口径43式戦車砲)
3. 操縦手用ハッチ
4. 装填手用補助砲塔旋回ハンドル
5. 防盾
6. 照準手用砲塔旋回ハンドル
7. TzF9b型単眼式照準眼鏡
8. 主砲制退器および複座機構 (リコイルメカニズム)
9. 装填手用ペリスコープ
10. 近接防御兵器対人用榴弾投擲器 (Sマイン)
11. 装填用ハッチ
12. 換気用ファン (ベンチレーター)
13. 8.8cm砲弾用ラック (収納架) (スチール製ケース)
14. 指揮官用キューポラ (司令塔)
15. Fu5用2mロッドアンテナ
16. ヘンシェル型砲塔
17. 後部脱出用ハッチ (エスケープハッチ)
18. ピストルポート
19. 砲弾貯蔵用シールド
20. 装填用木製ローラー
21. 予備履帯リンク用支持架 (ブラケット)
22. 指揮官用座席
23. 照準手席
24. ファンカバー
25. 燃料タンク
26. 燃料タンクレベルスイッチ
27. 砲弾7発用貯蔵スペース
28. 装甲隔壁
29. 戦闘室ヒーター
30. 水貯蔵タンク
31. スウィングアーム
32. 照準手用シールド
33. トーションバー
34. 下部燃料タンク
35. 砲塔旋回用変速機
36. 道具箱 (ツールボックス)
37. 変速機カバー
38. 操縦手用座席 (顔を出して操縦できるよう座高を高く設定可能)
39. ハンドブレーキ
40. 非常用履帯操向レバー
41. クラッチペダル
42. フットブレーキ
43. 履帯操向レバー
44. L801型操向変速機
45. ギアシフト (前進8段、後進4段)
46. "Olvar"主変速機
47. 速度制御ハンドル
48. 牽引用リング
49. 泥除け
50. 無線手用座席
51. 7.92mm MG34
52. Fu5無線機
53. ハッチ開閉用ハンドル
54. 砲弾6発用貯蔵スペース
55. 無線手用ペリスコープ (固定式)
56. 操縦手用ペリスコープ (回転式)

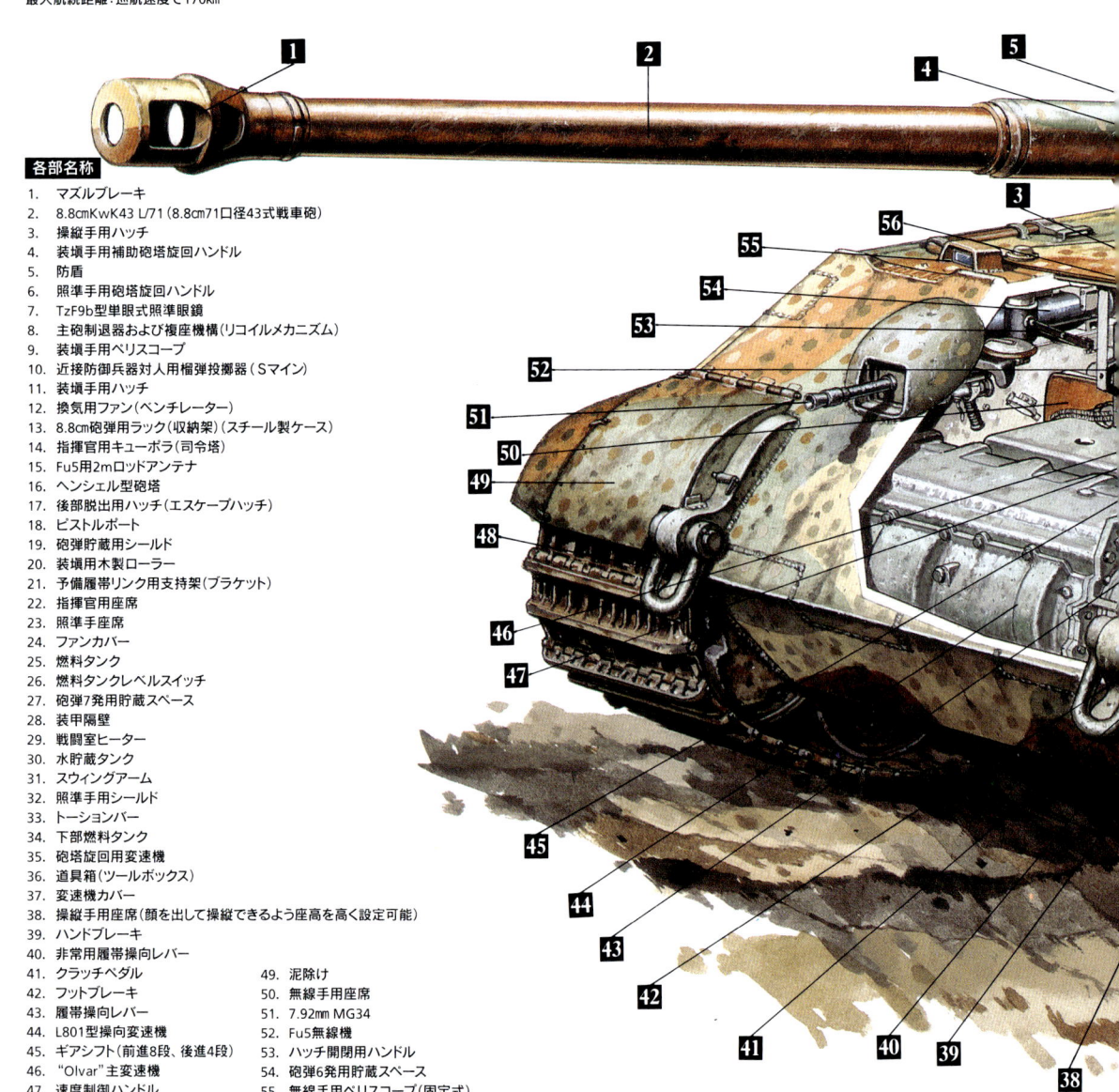

図版E：ティーガーII　SS第501重戦車大隊　アルデンヌ　1944年12月

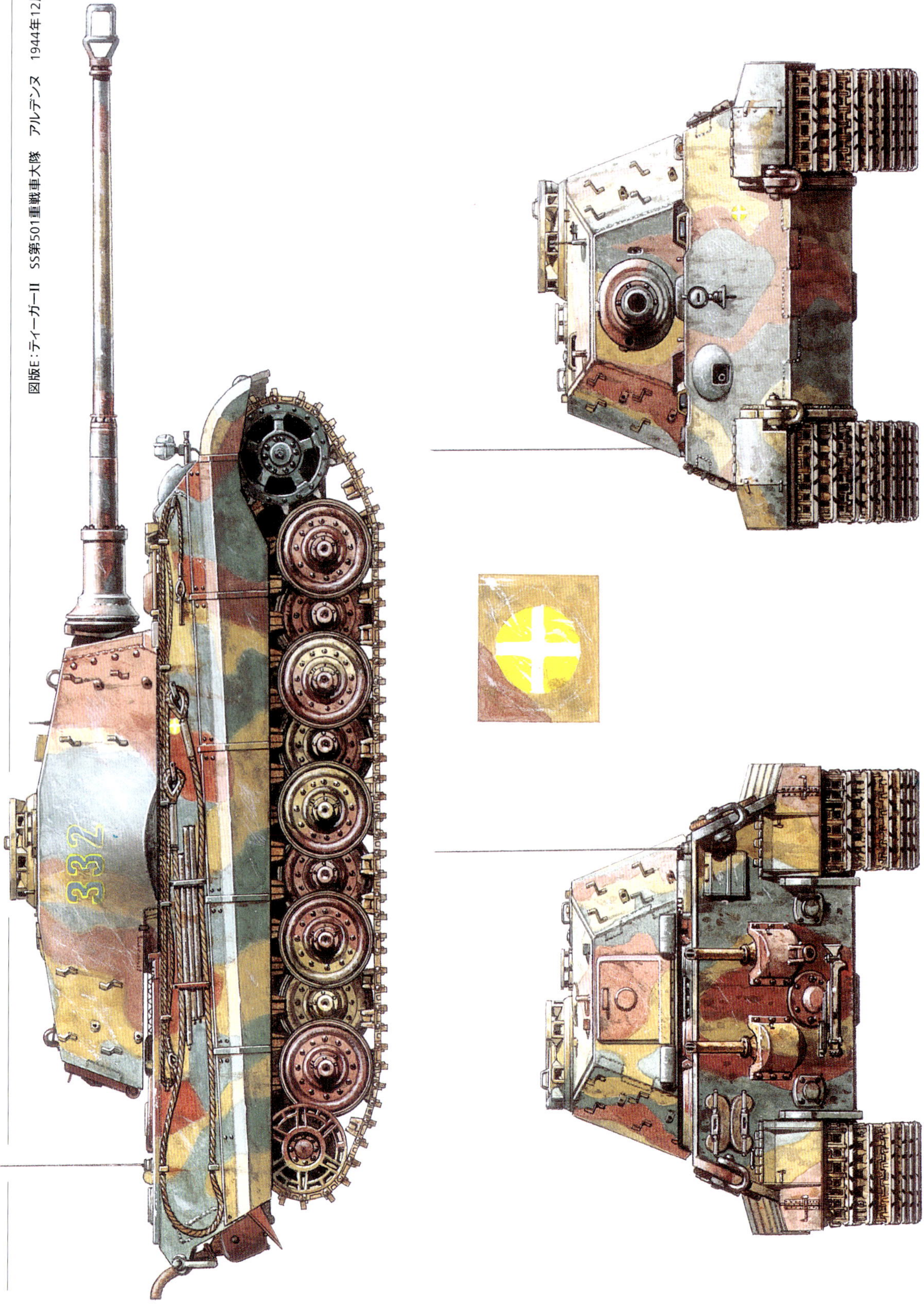

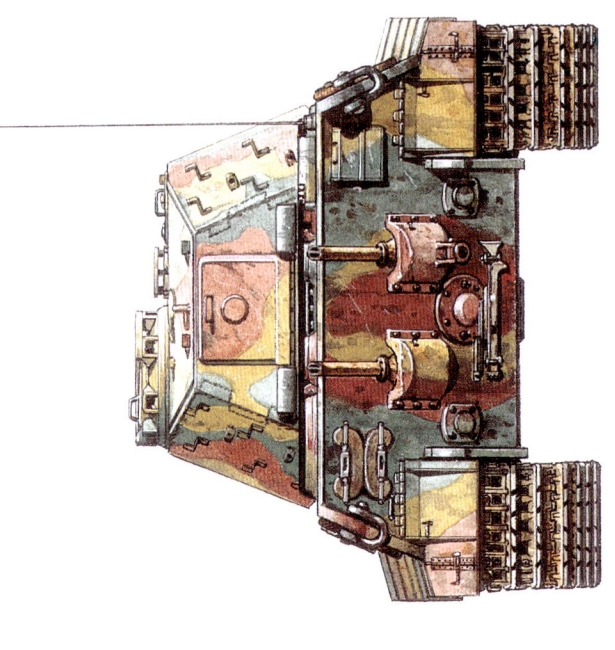

図版F：ティーガーII 本部中隊 SS第501重戦車大隊 アルデンヌ 1944年12月

図版G：ティーガーII　SS第501重戦車大隊　アルデンヌ　1944年12月

SS第501重戦車大隊のティーガーII "204" 号車は、アルデンヌ攻勢後にアメリカ軍によりラ・グレース村近くのソレッセで、完全な姿で鹵獲されたものである（訳注16）。このティーガーIIは給油中、鉄道線路の末端目指して道路を8km走行し、ノイヴィレの丘陵の上まで来たところで故障した。車両は結局道路脇へ押しやられ、爆破された。基本色はレッドプライマーで、イエローとグリーンの斑点がついたダークグリーンとイエローの斑および縞模様の迷彩が施されていた。
(US official)

mobility

走行性能

多数の辛辣な評価がティーガーIIに加えられている。曰く、重すぎる、大きすぎる、低速すぎる、扱いづらい、機動性に欠けるなどである。ひとつには、そもそも動いているのが幸運だったという印象がのこったためである。このような平凡な通説は、実際の特性やテストレポートやティーガーIIを使用した部隊からの戦闘記録によって裏付けられているわけではまったくない。これらのたびたび繰り返される批評に反して、障害物を越え、起伏のある地形を走行するティーガーIIの性能は、性能特性の表5に示されるように、ほとんどの連合軍とドイツ戦車と比較して同等またはそれ以上であった。

表5：性能諸元

最大速度	41.5km/h
最大巡航速度	38km/h
平均不整地速度	15-20km/h
航続距離（路上）	170km
航続距離（不整地）	120km
最小旋回半径	2.08m
最大旋回半径	114m
超濠幅	2.5m
渡渉水深	1.6m
超堤高	0.85m
登坂力	35度
地上間隙	0.5m
接地圧	0.78kg/cm²
出力重量比	10.7hp/ton

訳注16：この204号車はバイパー戦闘団が12月24日午前2時にラ・グレース村から脱出する際に、燃料欠乏のため遺棄されたものである。

貫通能力表1：クロムウェル、チャーチルとの比較

		ティーガーII対クロムウェル (8.8cm KwK)	クロムウェル対ティーガーII (75mm M3)	ティーガーII対チャーチル (8.8cm KwK)	チャーチル対ティーガーII (75mm M3)
正面：	砲塔	3500m+	0m	3500m+	0m
	防盾	3500m+	0m	3500m+	0m
	傾斜装甲	3500m+	0m	3500m	0m
	ノーズ部	3500m+	0m	3400m	0m
側面：	砲塔	3500m+	0m	3500m+	0m
	上部車体	3500m+	0m	3500m+	0m
	下部車体	3500m+	100m	3500m+	100m
後部：	砲塔	3500m+	0m	3500m+	0m
	下部車体	3500m+	0m	3500m+	0m

貫通能力表2：シャーマンA2、シャーマンA4との比較

		ティーガーII対シャーマンA2 (8.8cm KwK)	シャーマンA2対ティーガーII (75mm M3)	ティーガーII対シャーマンA4 (8.8cm KwK)	シャーマンA4対ティーガーII (76mm M1A1)
正面：	砲塔	3500m+	0m	3500m+	0m
	防盾	2600m	0m	2600m	0m
	傾斜装甲	2000m	0m	2000m	0m
	ノーズ部	3500m+	0m	3500m+	0m
側面：	砲塔	3500m+	0m	3500m+	1100m
	上部車体	3500m+	0m	3500m+	900m
	下部車体	3500m+	100m	3500m+	1800m
後部：	砲塔	3500m+	0m	3500m+	400m
	下部車体	3500m+	0m	3500m+	400m

　ティーガーIIは初期に多数の走行面における機械的トラブルを経験しており、それらを是正するためのマイナーな改修が、後続の生産シリーズに対して要求された。これらのトラブルはふたつの主要因に集約できる。すなわち、ガスケットやシールからの漏洩と、もともと40t車両用に設計されていた駆動装置の過負荷であった。ティーガーIIを可動状態に維持するという問題は、訓練された操縦手が不足し、その大部分は今まで実戦投入のために車両を運転した経験もない兵士であることが拍車をかけた。しかも、操縦手の訓練は限定されたものであり、たいがいそれはタイプの違う戦車で行われ、しばしば鉄道によって前線へ出撃する数日前に、ようやく自分のティーガーIIを受領するという状態であった。
　戦車教導師団へ装備された第1次生産シリーズのティーガーII 5両（車体番号No.280001-280005）は、その走行面での機械的整備状況が劣悪だったこともあり、戦闘を行うまえに敵の手に落ちるのを防ぐため破壊された。ティーガーIIを装備して東部戦線へ送られた最初の部隊であった第501重戦車大隊は、最終減速機の故障により45

1945年1月から生産された典型的なティーガーIIの例。照準孔の上方に逆U字形の水滴防御ガードが装着された。(Author)

貫通能力表3：T-34/85、JS122との比較

		ティーガーII対 T-34/85 (8.8cm KwK)	T-34/85対 ティーガーII (85mm S53)	ティーガーII対 JS122 (8.8cm KwK)	JS122対 ティーガーII (122mm A19)
正面：	砲塔	3500m+	0m	2300m	0m
	防盾	2800m	0m	1800m	0m
	傾斜装甲	2600m	0m	2100m	0m
	ノーズ部	2600m	0m	2600m	0m
側面：	砲塔	3500m+	800m	3400m	1800m
	上部車体	3500m+	500m	3400m	1400m
	下部車体	3500m+	1600m	3500m+	2900m
後部：	砲塔	3500m+	100m	1800m	900m
	下部車体	3500m+	100m	2500m	900m

貫通能力表4：イギリス軍対戦車砲との比較

		6ポンド砲 APCBC	6ポンド砲 APSV (DS)	17ポンド砲 APCBC	17ポンド砲 APSV (DS)
正面：	砲塔	0 yds	0 yds	0 yds	1100 yds
	傾斜装甲	0 yds	0 yds	0 yds	0 yds
	ノーズ部	0 yds	0 yds	0 yds	1200 yds
側面：	砲塔	200 yds	1600 yds	2900 yds	2000+ yds
	上部車体	0 yds	1400 yds	2600 yds	2000+ yds
	下部車体	1000 yds	2000 yds	3000+ yds	2000+ yds
後部：	砲塔	200 yds	1600 yds	2900 yds	2000+ yds
	下部車体	0 yds	900 yds	2200 yds	2000+ yds

（＊1ydsは約0.9144m）

両のうち可動状態はわずかに8両に過ぎなかった。

　1944年7月および8月にティーガーIIを受領した第505重戦車大隊は、機関室での燃料漏洩により、工場をロールアウトしたばかりのティーガーII 3両が火災により全損したことを報告している。その他のティーガーII数両についても、小規模な発火を経験した。第505重戦車大隊は、東部戦線へ送られるまえに多数の欠陥を是正するために、ヘンシェル社のサポートエンジニアとともに徹底的に作業を行った。

　しかしながら、熟練した操縦手が確保でき、充分なメンテナンスのための休止時間を与えられ、走行機構の重要な改修を行えば、ティーガーIIは満足すべき可動状態を維持することができた。1945年3月15日付の状況報告書を集約すると、統計的には前線部隊の59％のティーガーIIが可動状態にあった。この数値はIV号戦車の62％とほぼ同等であり、パンターの48％よりも優秀であった。

　筆者はアルデンヌのラ・グレース村にあるティーガーII（車体番号 No.280273、1944年10月製造）を訪問したことがある。現代の自動車で、村へと続く狭く急勾配で曲がりくねった道路を運転したが、たびたび低速ギアを使わなくてはならなかった。ティー

1945年4月、カッセル工場で車体搭載のために待機するティーガーIIの砲塔を、アメリカ軍調査員が調査をしているところ。すべてがダークグリーンで塗装されている；調査されている1両は指揮戦車型ティーガーII用のものである。
（著者注）アンテナ基部番号No.1が天蓋にみえる。後方の砲塔には、キューポラに対空機銃用リングは溶接されていない。(US official)

ガーIIが冬季にかつてたどった同じ旅路は、その走行性能と機動性能両方を完全に証明する象徴であった。

battlefield survivability
戦場における生存性

　すぐれた性能の主砲とともにその厚い装甲は、ティーガーIIの利点であった。側面装甲や後面装甲ですら、ソ連76mm戦車砲やアメリカの75mm砲ではいかなる脅威もあたえることはできなかった。貫通性能表は1944年10月5日付の兵器試験第1課による報告書からの抜粋であり、主要敵の対戦車兵器がティーガーIIに対して、あるいはその逆の場合を性能比較したものである。この貫通距離は、目標となる戦車が砲弾飛来方向から30度横向きの状態を仮定している。また、ティーガーIIの砲塔は、量産型砲塔を示している。

　連合軍のいかなる戦車も、正面からティーガーIIと戦って生き延びることはできないのは明白である。オリジナルの報告書はティーガーIIに対する英国戦車の無力さを示してはいないが、R.A.C.3.d.において発見された1945年2月付の秘密データを、貫通能力表4に掲げる(35頁を参照)。

　ティーガーIIの砲塔および車体前面下部正面は、理論的には高初速度のテーパーボア砲弾である特殊タングステン弾芯徹甲弾を、17ポンド砲で射撃すると貫通することができた。

　この砲弾は特別命中率のよい砲弾ではなく、貫通してから破片効果がある炸薬弾頭を有しておらず、ティーガーIIの車体前面下部のような急傾斜面では弾き跳ばされた。筆者は、ティーガーIIの正面装甲が戦闘中に貫通されたといういかなる写真や証言も、現在まで発見するに至っていない。

配備部隊と戦歴 operational history

　ティーガーIIは軍直轄およびSSの重戦車大隊にのみ配備された。この例外は、兵器局、補充軍および第1次 量産型のティーガーII 5両が戦車教導師団へ配属された例である。

　標準装備数は1個大隊当たり45両であり、各14両のティーガーIIを有する3個中隊と指揮型ティーガー3両を有する大隊本部からなっていた。各中隊はさらに、2両が中隊本部、各4両が3個小隊に装備された。

　事実上、全生産工程は前線へ送るまえに完全定数で部隊を充足させるため、あらゆる努力が払われた。しかし1945年になってからは、ティーガーIIの公式な装備定数よりも不足したままで、部隊は前線へ送られた。

　補充が前線の部隊へ送られることはほとんどなかった。補充が送られたケースはわ

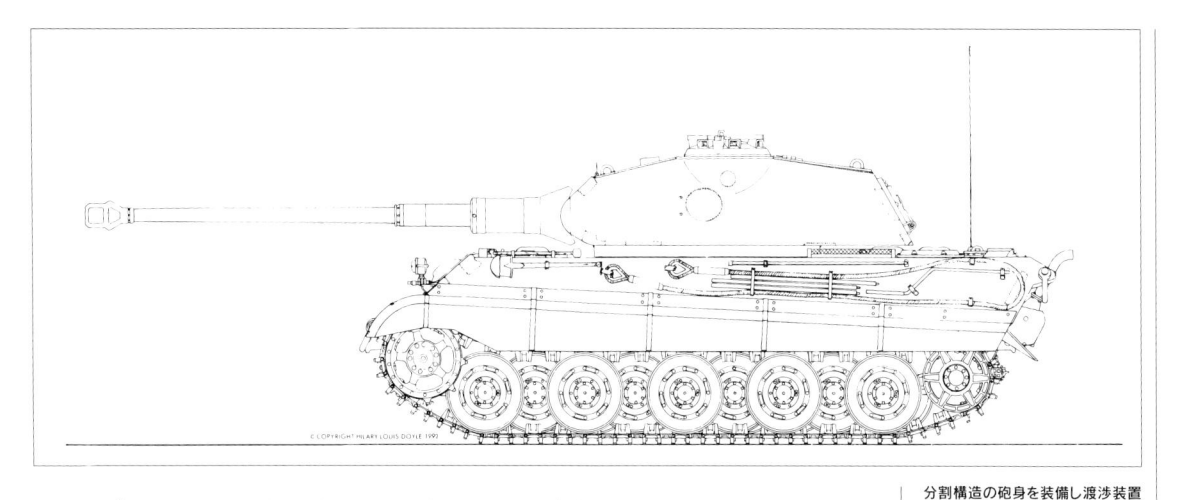

分割構造の砲身を装備し渡渉装置をもたない1:76スケールのティーガーII左側面図。(Author)

ずかに第506、SS第501およびフェルトヘルンハレ重戦車大隊の3例であった。合計194両のティーガーIIが西部戦線で戦い、274両が東部戦線、15両が兵器局、そして13両が補充軍部隊に配備された。

ティーガーIIを配備したすべての重戦車大隊の戦闘記録には、受領したティーガーIIの数、正確な月日が含まれている。また、その状況報告書には、いかにして部隊は戦闘可能状況にティーガーIIを維持するのに成功したか、そしてその喪失した数が示されている。部隊については、西部戦線および東部戦線ごとに分類した。

西部戦線へ送られた部隊

第316（無線操縦）戦車中隊
Panzerkompanie (Funklenk) 316

西部戦線で従事するためにティーガーIIを受領した最初の部隊は、戦車教導師団に配属された第316（無線操縦）戦車中隊（Pz.Kp.(FKL)316）であった。この部隊は、1944年3月14日に部隊へ送られた第1次量産型のティーガーII 5両（車体番号No.280001-280005）を装備していた。この5両のティーガーIIは実戦には投入されず、鹵獲される前に爆破された。(訳注17)

第503重戦車大隊
Schwere Heeres Panzerabteilung 503

ティーガーIIとともに西部戦線へ送られた第二の部隊は第503重戦車大隊であり、1944年5月25日に休養と再編成のため東部戦線から帰還したものであった。ノルマンディーに連合軍が上陸する以前に、503大隊は定数のティーガーIIをもって西部戦線で従事することが選択された。これは、東方より西方の方が緊急にティーガーIIを必要としていたわけではなく、ティーガーIIがいまだ多数の走行面における数多くのトラブルを経験中であり、工場のエンジニアやスペアパーツの補給源を確保しなければならなかったためである。

これらと同じような走行面のトラブルより生産は遅れ、この結果、503大隊はわずか12両のティーガーII（6月12日に兵器集積場から出荷した車体番号No.280023-280035）しか受領できなかったため、ティーガー45両という公式定数を充足するために33両のティーガーIが与えられた。

オーアドゥルフの演習場でこれらを受領した後、503大隊は8両の貨車に積載されて、6月27日に西部戦線へ送られた。7月7日、この8両の貨車はフランスのドルーですべて荷下しされ、そこから前線までの行軍が開始されて7月11日に最初の戦闘に参加した。ノルマンディー戦の期間におけるティーガーの作戦状況は、次のように報告されている。

7月11日	7月12日	7月16日
可動状態：23両	可動状態：32両	可動状態：40両
修理状態：18両	修理状態：13両	修理状態：5両
	合計：45両	合計：45両

訳注17：これらのティーガーIIは砲塔側面左端に大きく白色で砲塔番号が描かれており、「01」「11」「12」の3両が写真で確認できる。なお、1944年2月1日付のK.St.N Nr.1176によれば、（無線操縦）重戦車中隊はティーガー10両とボルクヴァルトBIV22両から構成されていた。

7月25日	7月29日	8月1日	8月6日
可動状態：20両	可動状態：15両	可動状態：13両	可動状態：11両
修理状態：8両	修理状態：7両	修理状態：16両	

　503大隊の第3中隊は、7月27日と29日に兵器集積場から部隊へ発送された、定数を充足する14両のティーガーⅡによって編成された。このうち5両のティーガーⅡは西部戦線へ8月11日に輸送され、セーヌ河の南側で失われた。このほかに7両のティーガーⅡがセーヌ河の北側で1944年8月から9月にかけて失われたが、2両のティーガーⅡが生き残ってそれ以後の作戦のために演習場へ帰還した。

第1中隊／SS第101重戦車大隊
1.Kompanie/Schwere SS Panzerabteilung 101

　第1中隊が修理のために前線から離脱した7月5日以前に、その45両のティーガーⅡのうち戦闘で15両を失った。中隊は7月28日から8月1日にかけてティーガーⅡ 14両（車体番号No.280092-280112）を兵器集積場から受領した。この14両は鉄道により西部戦線へ輸送されたが、1944年8月から9月上旬にかけて、フランスでの総退却のなかで失われるのに時間はかからなかった。

軍直轄第506重戦車大隊
Schwere Heeres Panzerabteilung 506

　軍直轄第506重戦車大隊は、東部戦線から再編成と再装備のためパーダーボルン演習場へ撤退せよとの命令を、1944年8月15日に受領した。大隊のティーガーⅡ 45両は、8月20日から9月12日までに兵器集積場から発送され、9月22日に列車に積載されてオランダへと輸送され、アルンヘムで英軍先鋒部隊を撃退する戦闘を支援した（訳注18）。10月1日付の報告によれば、可動数33両、修理中10両となっており、この後第506大隊は10月3日にふたたび列車に積載され、アーヘンを経由して前線へ送られた。以降の戦闘状況は以下の通り報告されている。

10月20日	10月31日	11月2日	11月10日
可動状態：10両	可動状態：35両	可動状態：36両	可動状態：36両
修理中　：27両	修理中　：2両	修理中　：3両	修理中　：3両
合計　　：37両	合計　　：37両	合計　　：39両	合計　　：39両
6両が戦闘で失われ2両が大修理のためドイツへ後送された。		SS第502重戦車大隊から2両補充が届く	

12月1日	12月8日	12月10日	12月13日
可動状態：11両	補充6両が兵器集積場から発送済み12月10日到着	可動状態：28両	追加の補充6両が兵器集積場より発送済み
修理中　：13両		修理中　：7両	
合計　　：29両		合計　　：35両	

12月25日	1月15日	2月1日	2月5日
可動状態：36両	可動状態：17両	可動状態：0両	可動状態：0両
修理中　：11両	修理中　：27両	修理中　：26両	修理中　：30両
合計　　：48両	合計　　：44両		合計　　：30両
追加の補充ティーガーⅡ6両、ティーガーⅠを装備する重戦車中隊フンメル（第4中隊へ名称を変更）が第506大隊に到着	1月8日から4両喪失。	1月8日から17両の喪失を報告	

3月5日	3月6日	3月12日	3月15日
可動状態：不明	可動状態：不明	兵器集積場の補充13両が3月30日に受領可能との報告を受ける	可動状態：2両
修理中　：不明	修理中　：不明		修理中　：16両
合計　　：20両	合計　　：7両		合計　　：18両

4月5日
可動状態：7両
修理中　：0両
合計　　：7両

訳注18：9月24日、第506大隊第3中隊の15両はSS第9戦車師団のシュピンドラー戦闘団に配属され、アルンヘムのオーステルベーク付近で英軍第1空挺師団と戦闘を行い、そのうち1両がPIAT（前装式バズーカ砲）により全損している。また、ほかの中隊はSS第10戦車師団に配属され、エルスト付近で英軍第30軍団の前衛部隊と交戦して空挺師団との合流を阻止した。

SS第501重戦車大隊
Schwere SS Panzerabteilung 501

　SS第101重戦車大隊（のちに第501と改称）は1944年9月9日に、休養と再編成のためゼンネ演習場へ移動せよとの命令を受けた。最初の計画ではティーガーII 2個中隊とヤークトティーガー1個中隊を大隊は配備される予定であったが、11月4日にヒットラーは、ティーガー部隊にはヤークトティーガーは装備しない、との命令を出した。したがって、SSティーガー大隊は、ティーガーIを有する第3中隊を配備されることとなった。この命令はのちに撤回され、第3中隊もティーガーIIを装備することになった。

　深刻な生産上のトラブルにより、わずか6両のティーガーIIが10月17日と18日に兵器集積場からSS第501大隊へ送られた。さらに8両が11月11日に発送され、SS第501大隊は合計14両を有することとなったが、これは1個中隊分の装備数にすぎなかった。最終的に20両が、11月26日から12月3日までに発送された。これら34両のティーガーIIが、SS第501大隊が列車に積載されて西部戦線へ送られた12月5日よりまえに兵器集積場から発送されたすべてであった。

　それ以前の9月28日から10月3日までのあいだに、11両のティーガーIIは第509大隊へ送られていた。ヘンシェル社に対する爆撃によりSS第501大隊は11両のティーガーIIが不足したままであり、このため第509大隊へ支給されたティーガーII 11両は、末期にSS第501重戦車大隊へ返還された。現在アバディーン兵器博物館（編注：現在はフォートノックスのパットン騎兵・機甲博物館）に展示されているティーガーII（車体番号No.280243、1944年9月8日にヘンシェル社で製造）は、この11両の中の1両である。これでベルギーにおいてSS第501重戦車大隊から鹵獲されたティーガーIIに、なぜ第509大隊の部隊標識がマーキングされていたかという謎が説明できる。

　SS第501大隊はアルデンヌ攻勢の中心部隊として西部戦線へ送られ、リブラウ＝オイスキルヒェンで最後の貨車10両の積み下ろしが行われたのが、12月9日のことであった。

　SS第501重戦車大隊は1月15日付の戦況報告以前の12月の戦闘期間中に13両を喪失し、合計31両のティーガーIIのうち18両が可動状態であると報告している。1945年1月24日の命令により、SS第501大隊はSS第I戦車軍団とともに東部戦線へと送られた。

軍直轄第507重戦車大隊
Schwere Heeres Panzerabteilung 507

　軍直轄第507重戦車大隊は、1945年2月25日にティーガーIIで再編成するために、東部戦線からゼンネ演習場へ帰還するよう命令を受けた。部隊は3月9日にティーガーII 4両、3月22日に11両そして3月31日に6両を受領した。大隊はそのほかに、以前に第510および第511大隊へ支給された6両のティーガーIIを有しており、合計21両であった。前線での第507大隊は、演習場周辺地域の局地防衛に従事した。（訳注19）

第3中隊／軍直轄第510重戦車大隊および第3中隊／軍直轄第511重戦車大隊
3. Kp./s.H.Pz.Abt. 510 and 3. Kp./s.H.Pz.Abt.511

　最後にヘンシェル社により製造されたティーガーII 13両は、3月31日に直接工場から第3中隊／軍直轄第510重戦車大隊および第3中隊／軍直轄第511重戦車大隊の乗員により受領された。3月31日の報告によれば、各中隊8両のティーガーIIを装備していた。これらのうち12両はヘ

訳注19：このときの第507重戦車大隊（フリッツ・シェンク少佐）の編成は
・第一中隊（バイルフース中尉）
　装備戦車なく戦車兵のみ
・第2中隊（ヴィアシング中尉）
　ティーガーII 6両
　ヤークトパンター 3両
・第3中隊（コルターマン大尉）
　ティーガーII 15両
であり、以後SS戦車旅団"ヴェストファーレン"とともに戦闘を行い、4月11日にハルツ地方のオステローデにて最後のティーガーIIを喪失している。

1：76スケールのティーガーP2左側面図。"ポルシェ砲塔"はこのためのオリジナル設計であった。
（Author）

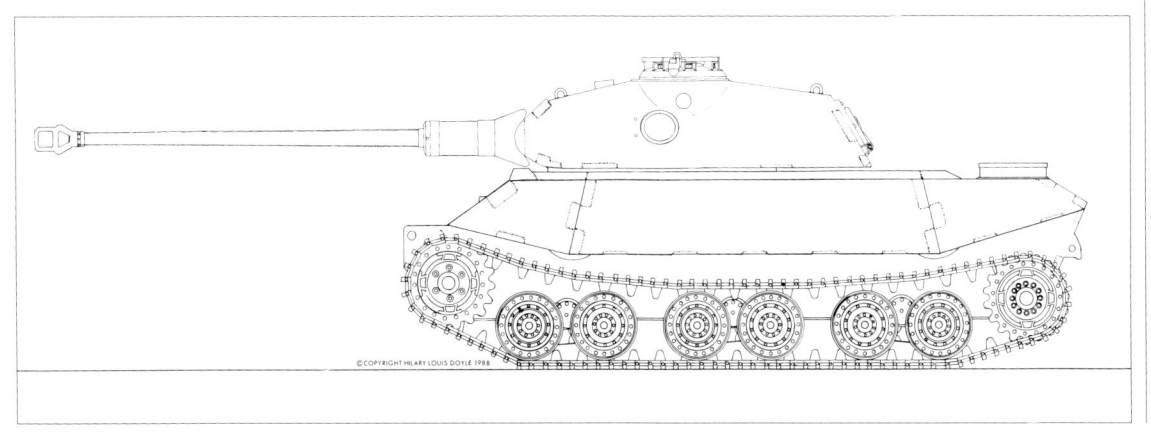

ンシェル社製の新品であり、3両がゼンネ演習場の兵器局からの中古品で、1両はノートハイムの兵器局からの中古品であった。4月1日に彼らは各中隊7両のティーガーIIをもってカッセルにおいて戦闘に参加し、報告によれば空襲により3両のティーガーIIを失ったとのことである。(訳注20)

補充軍および兵器局
Ersatzheer and Waffenamt

補充軍および兵器局のそのほかの部隊は、末期に前線が近づいてきた地域において局地防衛にすみやかに投入された。教育および研究用として支給された可動状態のティーガーIIすべては、事実上、戦争末期の混乱のなかで消耗していった。これらの部隊は1945年3月31日にティーガーII 1両と8.8cmKwK (L/71)を装備したクンマースドルフ戦車中隊(訳注21)と、1945年4月2日に17両(ティーガーIIおよびI)装備の第500戦車大隊(パーダーボルン)(訳注22)を含んでいた。

東部戦線へ送られた部隊

軍直轄第501重戦車大隊
Schwere Heeres Panzerabteilung 501

ティーガーIIを装備して東部戦線へ送られた最初の部隊は、軍直轄第501重戦車大隊であった。7月3日に壊滅した大隊の残余は、オーアドゥルフ部隊演習場において再編成と再装備を行うとの命令を受けた。7月7日と8月7日のあいだにティーガーII 45両を装備された第501大隊は、8月6日に北ウクライナ軍集団へ合流せよとの命令を受領した。部隊の可動状況は下記の通り。

9月1日	10月1日	11月1日	12月1日	1月12日
可動状態:25両 修理中 : 5両	可動状態:34両 修理中 :16両 合計 :50両	可動状態:49両 修理中 : 4両 合計 :53両	可動状態:51両 修理中 : 2両 合計 :53両	可動状態は不明 合計 :52両
	第501大隊は軍直轄第509重戦車大隊が再編成のためドイツに帰還したする前に残ったティーガーIを接収した		第XXIV戦車軍団に配属となり、第501大隊は1944年12月19日付けの命令により第424重戦車大隊と改称。	

第424大隊は、ソ連の雪崩のような冬季攻勢に呑み込まれ、1945年2月11日の命令により部隊を解隊し、第512重戦車駆逐大隊の編成母体となるよう命令を受けた。

軍直轄第505重戦車大隊
Schwere Heeres Panzerabteilung 505

軍直轄第505重戦車大隊は7月7日に、オーアドゥルフの部隊演習場での休養と再編成のため、東部戦線から離脱するようにとの命令を受領した。第505大隊は7月26日に、兵器集積場から最初のティーガーII 6両を受領した。このうち2両は第501大隊へ譲渡され、ほかの2両は受領直後に機械的トラブルに見舞われた。そのほかの39両のティーガーIIは、8月10日から29日のあいだに、兵器集積場から発送された。その直後に3両が機関室からの燃料漏洩により失われ、第505大隊は補充軍へ支給された戦車を代替として受け取った。9月9日に列車に搭載された第505大隊は東部戦線のナシールスク(ワルシャワ北方郊外)へ9月11日に到着した。そのときの可動状況は以下の通りである。(訳注23)

9月12日	10月1日	11月1日	12月1日
可動状態:38両	可動状態:44両 修理中 : 1両 合計 :45両	可動状態:18両 修理中 :19両 合計 :37両	可動状態:30両 修理中 : 7両 合計 :37両

1月1日	1月15日	2月5日	3月15日	4月4日
可動状態:34両 修理中 : 1両	可動状態:34両 修理中 : 3両	可動状況は不明 合計12両のティーガーIIおよびティーガーI 4両を第502大隊から取得。最近の戦闘でティーガーII 19両を喪失	可動状態:12両 修理中 : 1両 合計 :13両	可動状態:12両 修理中 : 0両 合計 :12両

訳注20:カッセル要塞部隊は第326国民擲弾兵師団の残余、第3./393RAD高射砲中隊の8.8cm Flak 8門、装甲車両15両、第510および第511重戦車大隊のティーガーII 14両をもってヨハネス・エアックスレーベン少将の指揮で、4月1日からアメリカ軍第80歩兵師団と防衛戦を展開した。1945年4月4日12時35分に要塞部隊は降伏したが、そのときの残余は1325名であった。

訳注21:クンマースドルフ戦車中隊はティーガーII 1両、ヤークトティーガー1両、パンター4両、IV号戦車2両、III号戦車1両、ナースホルン1両、フンメル2両、ポルシェティーガー(またはエレファント)1両を装備していた。

訳注22:パーダーボルン戦車大隊はティーガーI 11両とティーガーII 6両をふくんでいたが、ティーガーI 2両は第424戦車大隊に、ティーガーII 3両は第508重戦車大隊に接収された。最終的な部隊編成はティーガーI 5両、ティーガーII 3両、パンター4両、III号戦車4両であった。

訳注23:その後、第505重戦車大隊はナレフ橋頭堡、オストプロイセン、そしてケーニッヒスベルクの攻防戦に投入された。1945年4月15日、バイゼ半島のフィッシュハウゼン近くで最後の戦車を喪失し、少数の兵士がピラウへ脱出したのみで大隊は解隊された。

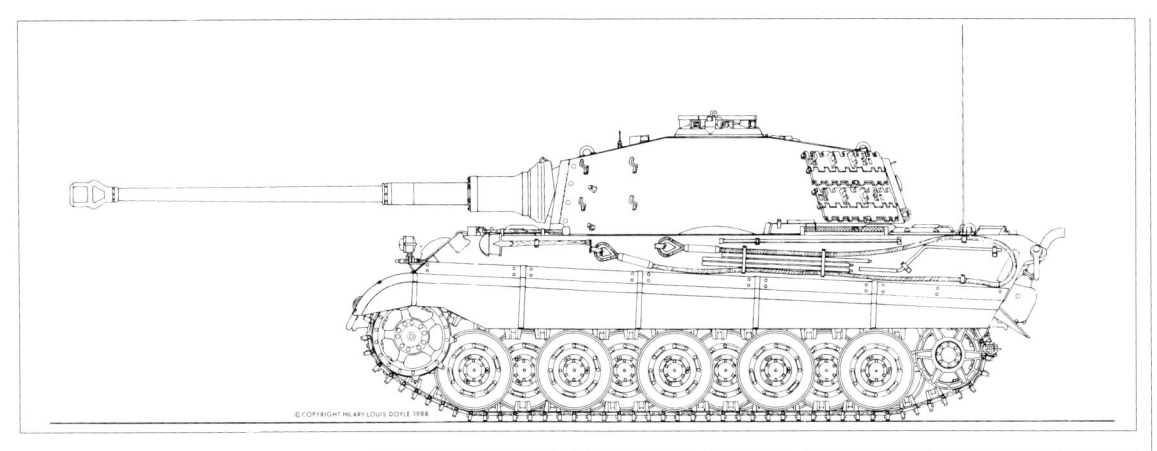

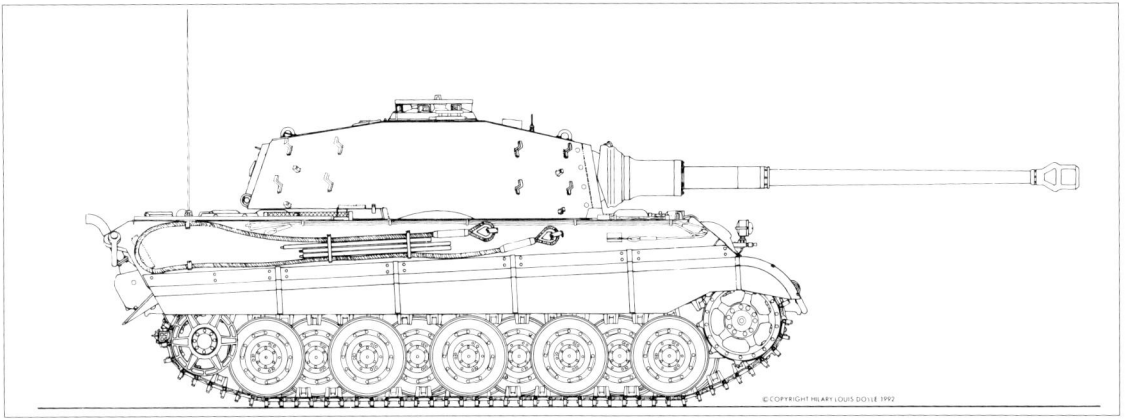

軍直轄第503重戦車大隊
Schwere Heeres Panzerabteilung 503

9月9日に軍直轄第503重戦車大隊は、パーダーボルンのゼンネ演習場で休養および再装備のため、西部戦線を離れるよう命令を受けた。45両のティーガーIIは、9月19日から22日までのあいだに兵器集積場から発送された。10月12日に第503大隊は列車に積載され、10月14日にハンガリーのブダペストで降車した。可動状況はつぎの通り報告されている。(訳注24)

11月1日	12月1日	12月15日	1月1日	1月15日
可動状態：18両	可動状態：11両	可動状態：17両	可動状態：10両	可動状態：5両
修理中 ：19両	修理中 ：3両	修理中 ：11両	修理中 ：8両	修理中 ：18両
		合計 ：28両		合計 ：23両
		第503大隊は21日付けの命令により、フェルトヘルンハレ重戦車大隊に改称された		

1月31日	2月17日	3月11日	3月15日	4月5日
可動状態：9両	可動状態：25両	兵器集積場より補充用ティーガーII 5両が発送済み	可動状態：19両	可動状態：13両
			修理中 ：7両	修理中 ：18両
			合計 ：26両	合計 ：31両

軍直轄第509重戦車大隊
Schwere Heeres Panzerabteilung 509

軍直轄第509重戦車大隊は、すでに1944年9月には休養と再編成のため東部戦線より引き揚げられていた。9月中に支給されたティーガーIIは、SS第501大隊へ引き渡された。ヘンシェル社の生産に深刻な中断があったため装備の支給は遅延し、第509大隊へ45両のティーガーIIが発

上●"量産型砲塔"を搭載した1:76スケールのティーガーII左側面図。(Author)
下●"量産型砲塔"を搭載した1:76スケールのティーガーII右側面図。(Author)

訳注24：その後、第503重戦車大隊はハンガリーが連合軍と単独講和を結ぶのを阻止する武装クーデター「パンツァーファウスト」作戦に参加。以後、ブダペスト、シュトゥールヴァイセンブルクをへて、オーストリアへ撤退し、チェコで終戦を迎えた。

送されたのは1944年12月5日から1945年1月1日のあいだのことであった。1月12日に列車に積載されてハンガリーへ送られた第509大隊は、1月18日にふたたび戦闘に投入された。可動状況はつぎのように報告されている。(訳注25)

1月1日	2月8日	3月1日	3月4日
可動状態：11両	1月18日から合計10両が失われた	可動状態：25両	可動状態：32両
修理中：27両		修理中：10両	
合計：38両		合計：35両	

3月15日	4月1日	4月5日	
可動状態：8両	可動状態：3両	可動状態：8両	
修理中：27両	修理中：10両	修理中：9両	
合計：35両	合計：13両	合計：17両	
	3月16日までに22両を喪失	5両がSS第501重戦車大隊所属となる	

SS第501重戦車大隊
Schwere SS Panzerabteilung 501

ティーガーII 26両を装備したSS第501大隊は、SS第I戦車軍団とともに東部戦線へ移動となった。1月22日に補充6両が兵器集積場から発送され、さらに13両の補充が2月10日に発送されて定数ティーガーII 45両となった。可動状況はつぎの通り報告している。(訳注26)

2月1日	2月8日	3月15日	3月17日
可動状態：23両	可動状態：15両	可動状態：8両	可動状態：9両
修理中：3両	修理中：11両	修理中：24両	
合計：26両	合計：26両	合計：32両	
	この他19両が補充として輸送中		

4月1日、SS第501重戦車大隊はパーダーボルン近くのゼンネ演習場で休養と再装備するため、ドイツへ帰還した。(訳注27)

SS第503重戦車大隊
Schwere SS Panzerabteilung 503

SS第103重戦車大隊は1943年11月に編成され、のちにSS第503大隊と改称されたが、めずらしいことではあるが東部戦線へ送られるまで演習場に1年以上もとどまっている。大隊は数両のティーガーIを支給されたが、のちにほかの部隊へ引き渡している。最終的にSS第503大隊は10月19日に兵器集積場で確保されていたティーガーII 4両が送付された。これらはのちに、SS第502大隊から引き渡された6両のティーガーIIによって増強された。さらに29両のティーガーIIが1945年11日と25日に兵器集積場から支給された。合計39両(完全装備は45両)をもって、SS第503大隊は1月27日に列車に積載され、東部戦線のヴァイクセル軍集団戦区へ送られた。大隊の可動状況はつぎの通り報告されている。(訳注28)

2月12日	2月15日	2月28日	3月20日
可動状態：16両	可動状態：17両	可動状態：14両	可動状態：2両
修理中：23両	修理中：21両	修理中：25両	修理中：4両
合計：39両	合計：39両	合計：39両	合計：6両
			大隊の一部は北方軍集団へ配属

4月10日	4月15日
可動状態：9両	可動状態：10両
修理中：3両	修理中：2両
合計：12両	合計：12両
大隊の一部はヴァイクセル軍集団へ配属となる。	

訳注25：その後、第509重戦車大隊は、シュトゥールヴァイセンブルク付近で戦闘のち撤退、オーストリアへ撤退し、5月9日にカンプリッツ付近でアメリカ軍に降伏した。

訳注26：その後、SS第501重戦車大隊はSS第I戦車師団とともに「春のめざめ」作戦に参加。以後SS第1戦車連隊の残余とともにパイパー戦闘団を形成し、オーストリアへ撤退して、シュタイヤー付近でアメリカ軍に降伏した。5月になってから少なくともヤークトティーガー2両を装備していた。

訳注27：著者の事実誤認であり、そういう事実はない。ただ、第1中隊のみは1944年12月30日より戦線を離脱し、パーダーボルン北方のシュロッス・ホルテに駐留し、大隊とゼンネラーガーとの中継補給基地の役目を果たした。大部分の中隊員はハルツでアメリカ軍に降伏したが、一部はオーストリアの原隊まで追求して最後まで戦った。

訳注28：その後、SS第503重戦車大隊は分割運用された。すなわち、フリッツ・ヘルツィヒSS中佐指揮のティーガーII 12両のグループはアーンスヴァルデ地区、そのほかはランズベルク～キュストリンをへて、残余の10両は4月21日よりベルリン防衛戦に参加。SS第11機甲擲弾兵"ノルトラント"とSS第33武装擲弾兵師団"シャルマーニュ"とともに最後まで戦い抜いた。1945年5月2日に最後まで残ったティーガーII 5両が西方への脱出戦の先頭に立ったが、全車両とも最後には撃破された。

SS第502重戦車大隊
Schwere SS Panzerabteilung 502

　SS第102重戦車大隊(のちにSS第502大隊へ改称)は、休養と再装備のためゼンネ演習場へ移動せよとの命令を1944年9月9日に受領した。生産中断によりティーガーIIの支給は緩慢で、12月27日に兵器集積場から部隊へ送られた6両のティーガーIIは、姉妹部隊であるSS第503大隊へ配備された。最終的には31両のティーガーIIが、1945年2月14日から3月6日までのあいだに兵器集積場から発送された。SS第503大隊は3月中旬のはじめに東部戦線の中央軍集団へ送られ、3月22日にザクセンドルフでの戦闘で初陣を飾った。大隊の可動状況はつぎの通り報告されている。

(訳注29)

4月10日	4月15日	4月27日
可動状態:28両	可動状態:29両	可動状態: 5両
修理中 : 2両	修理中 : 1両	
合計 :30両	合計 :30両	

訳注29:その後SS第502重戦車大隊は第9軍戦区のベータースハーゲンで防衛戦を展開。4月27日からの第9軍残余による西方の第12軍への脱出作戦の際、残ったティーガーII 5両が前衛として活躍した。5月1日に最後に残ったシュトレングSS上級曹長とクルストSS少尉のティーガーII 2両は、突破戦の先頭に立って突進したが2両とも相次いで被弾擱坐した。しかし、その犠牲によって約4万人の兵士と難民が第12軍との会合を果たし、その後エルベ河に到達した。

カラー・イラスト解説 The Plates

(カラー・イラストは25-32頁に掲載)

A

図版A-1:ティーガーII "ポルシェ砲塔" 第500戦車補充および教育大隊

　第500補充および教育戦車大隊は、数両の極初期型ティーガーIIを装備していた。この時期、すべてのティーガーIIはツィンメリットコーティングを塗布されていた。現地部隊での迷彩塗装のため、ダークグリーンおよびレッドブラウンの塗料2kgが支給されており、有機系溶剤や水で薄め、ダークイエローの基本色の上から、幅広い縞模様や斑点などをスプレー塗装した。規則によれば、砲塔番号(コールサインナンバー)は、30㎝の高さで番号の書体は幅1㎝の白色で縁取った幅3㎝の黒色で書くよう定められていた。最初の桁の番号は1から3番までの中隊番号であった。さらに中隊ごとに、2桁目は1から3番までの小隊番号、3桁目は1から4番までの車両番号であった。中隊指揮官と指揮官代理のティーガーは、2桁目が0で3桁目が0、1または2であった。(各中隊ティーガーII 14両編成の場合)各重戦車大隊の本部中隊は、ティーガーIIまたは指揮型ティーガーII 3両を装備していた。通常は、001から003であったが、いくつかの部隊はローマ数字のI、IIおよびIIIを使用した。重戦車大隊のティーガーIIの定数は、(3+14+14+14)の合計45両であった。

図版A-2:ティーガーII "ポルシェ砲塔" 第503重戦車大隊 ロシア 1944-45年冬季

　第503重戦車大隊のティーガーIIは1944年夏に連合軍に対してフランスで戦闘を行った。これらのティーガーIIは図版A-1と似たような塗装を施されていた。1944年9月9日にフランスから撤

下左●"量産型砲塔"を搭載した1:76スケールのティーガーII正面図。(Author)

下右●"量産型砲塔"を搭載した1:76スケールのティーガーII後面図。(Author)

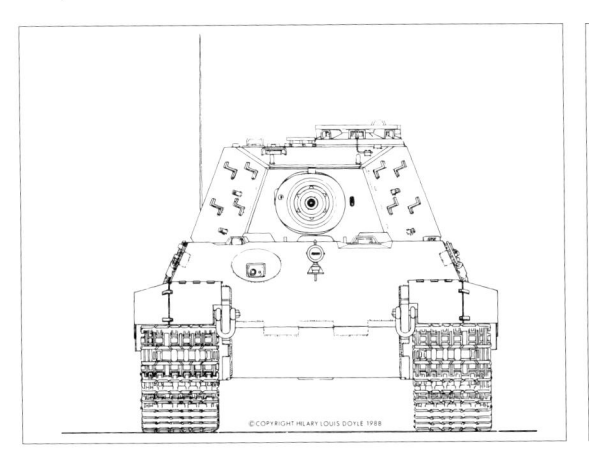

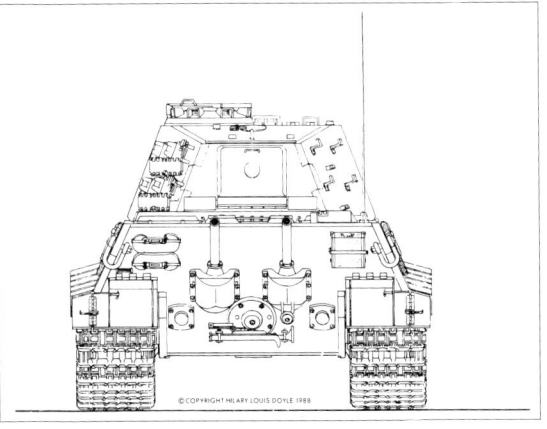

"量産型砲塔"を搭載した1:76スケールのティーガーII平面図。
(Author)

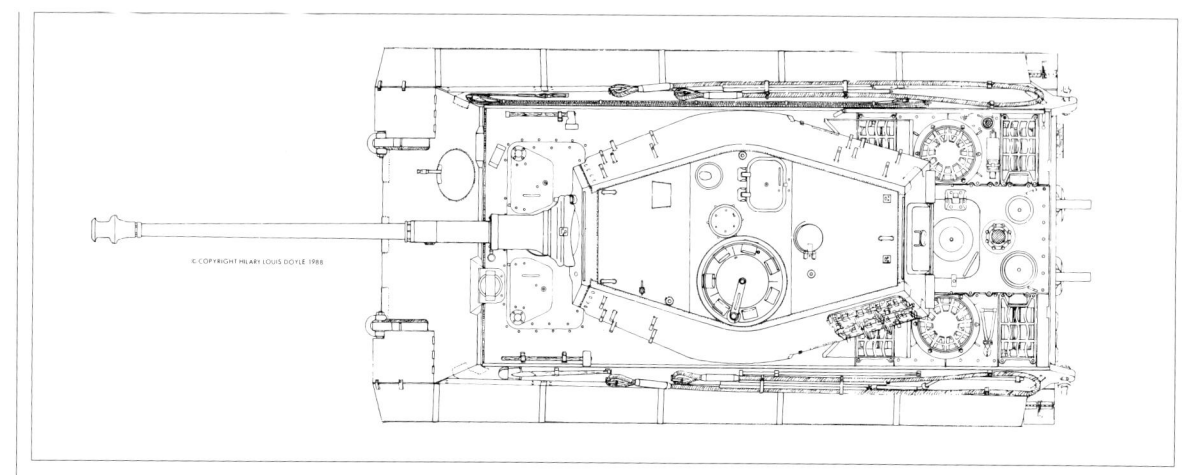

退してきたとき、第503重戦車大隊には、"ポルシェ型砲塔"を有するティーガーIIは2両しかのこされていなかった。ティーガー"314"号車は、続いて1944－45年の冬季にはロシアで作戦投入された。予備履帯リンクの支持架は旧式のものである。冬季期間中、部隊は降雪時に戦車をカバーするために用いられる水溶性白色塗料を支給されていた。この白色塗料は、状況が変化した際には拭い去られた。オリジナルの戦術マークや部隊マークは描かれていない。

B

図版B-1：ティーガーII　第503重戦車大隊　ブダペスト　1944年10月

　1944年9月9日のフランスからの撤退後、第503重戦車大隊は量産型(ヘンシェル社製)砲塔を搭載するティーガーII 43両によって再装備された。これらは1944年9月19日と22日の2回にわたって支給された。1カ月後、第503重戦車大隊は、戦争離脱を計画していたハンガリー政府を倒すべく支援を行っているサラシ戦闘団に対する援護のため、ハンガリーへ送られた。1944年10月15日、ティーガー"233"号車はブダペストの「王宮の丘」で任務に就いた。
　第503重戦車大隊へ支給されたほとんどの新製ティーガーIIは、ツインメリットコーティングが施されていたが、数両のティーガーは消磁コーティングなしで支給された。1944年8月19日の命令により、すべてのティーガーIIは工場で標準迷彩パターンを塗装し、基本色のダークイエロー(RAL7028)の上から、オリーヴグリーン(RAL6003)とレッドブラウン(RAL8017)の斑模様がスプレー塗装されることとなった。砲塔番号"233"は第2中隊第3小隊を意味し、その3号車であることを表している。

図版B-2：ティーガーII　第511重戦車大隊　1945年5月

　第511重戦車大隊の第3中隊は、1945年3月31日にヘンシェル工場から最後のティーガーII数両を受領した。この部隊マーキングや砲塔番号を描かれていないティーガーは、1945年5月に撃

"量産型砲塔"を搭載した1:76スケールのティーガーII左側面構造図。
(Author)

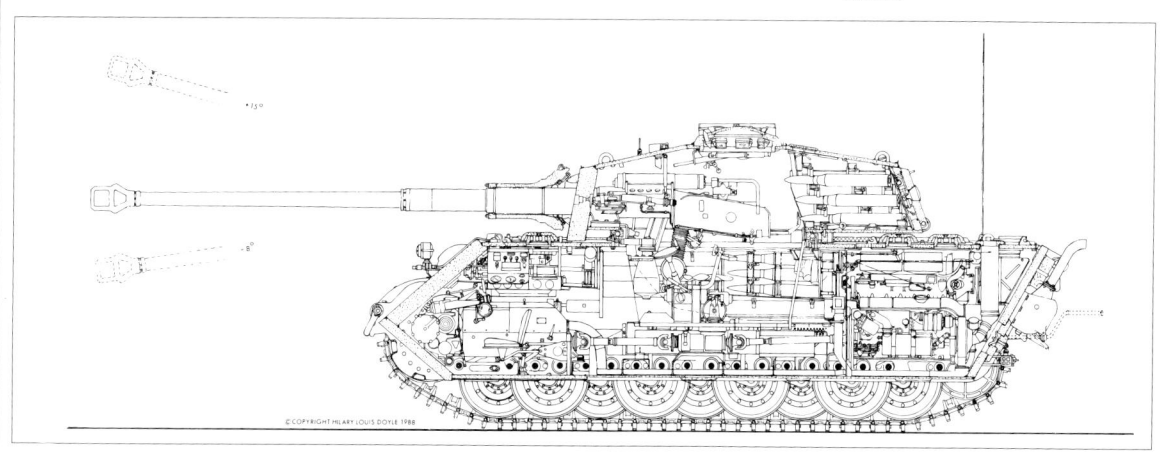

上左●"量産型砲塔"を搭載した1:76スケールのティーガーIIを、戦闘室後部隔壁からみた透視構造図。(Author)

上右●1:76スケールのティーガーII"量産型砲塔"平面構造図。(Author)

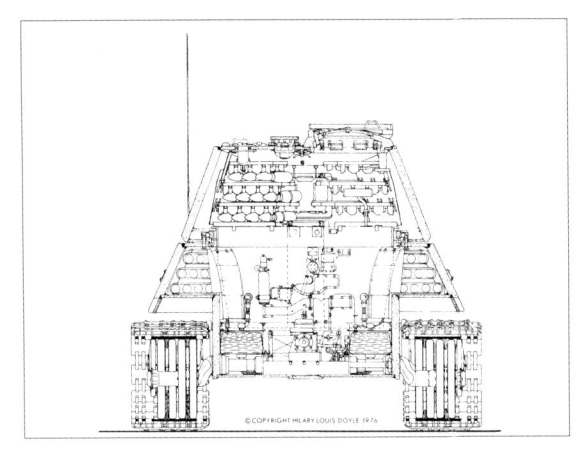

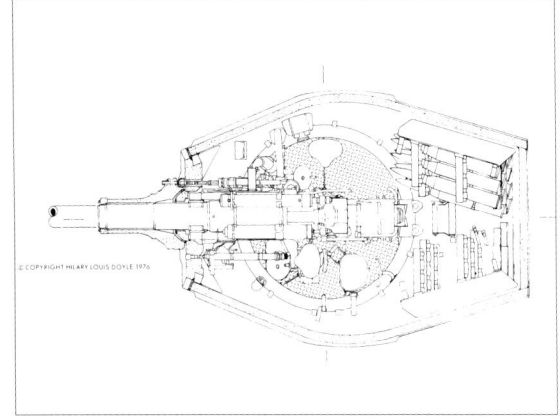

破されたものである。基本色はダークグリーンであり、スプレー塗装されたダークイエローの縞模様や斑模様の上からダークグリーンの円や斑点が描かれていた。この最後のティーガーIIの1両には、新型シングルリンク式履帯Kgs73/800/152に対応した大型駆動歯18枚を有する新型駆動輪を装備していた。この履帯の一例は、ボービントン戦車博物館に展示してあるティーガーII(車体番号No.V2)にみることができる。

C

図版C:ティーガーII　第505重戦車大隊　チューリンゲン　1944年

　第505重戦車大隊のティーガーIIには、もっとも特徴がある標準的ではないマーキングが施されていた。この部隊は1944年7月から8月下旬にかけて、オーアドゥルフ(チューリンゲン)で休養と再装備の期間中にティーガーIIを受領した。彼らは、砲塔両側面のツィンメリットコーティングを長方形に削り落とし、そのなかに部隊エンブレムである軍馬に乗った騎士を描いた。このエンブレムの実際の色は、この当時、各中隊によって異なる色を用いていたために特定することはできない。通常、砲塔両側面にある砲塔番号は、主砲基部および砲身部に描かれていた。中隊番号は主砲基部、小隊および号車番号は砲身で、白色の縁取りがある黒色で描かれていた。この砲塔番号"213"は、砲塔後部のエスケープハッチ上にも描かれた。中隊本部のティーガーIIは、同じ場所にローマ数字I、IIおよびIIIを用いていた。

D

図版D:装甲戦闘車両ティーガーB型"ヘンシェル型砲塔"

　ティーガーIIの内部をみると、戦闘室はエルフェンバイン(アイボリー)で塗装されていた。機関室はレッドプライマーの下塗り剤が塗られた。生産を簡易化するため、車体番号No.280177のティーガーIIから、内部表面にはエルフェンバインは塗布しないこととされた。これは、装甲製造会

1:76スケールのティーガーII車体平面構造図。(Author)

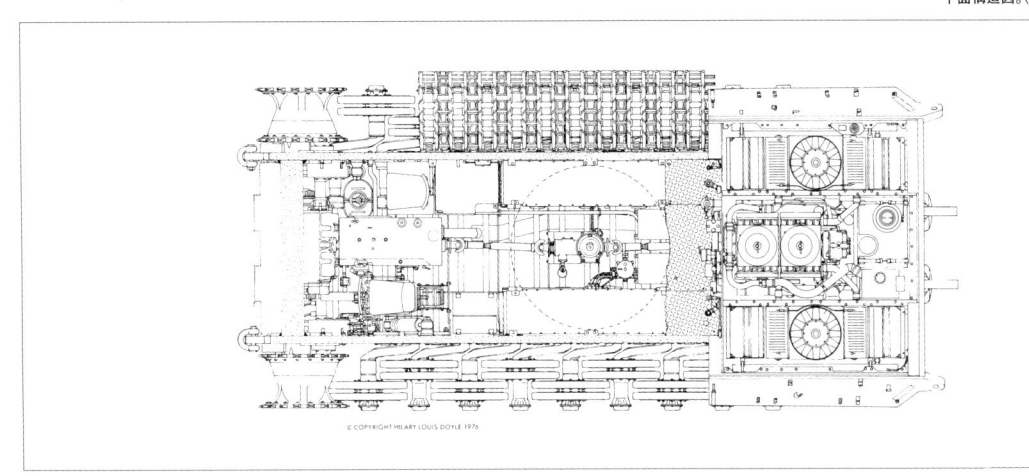

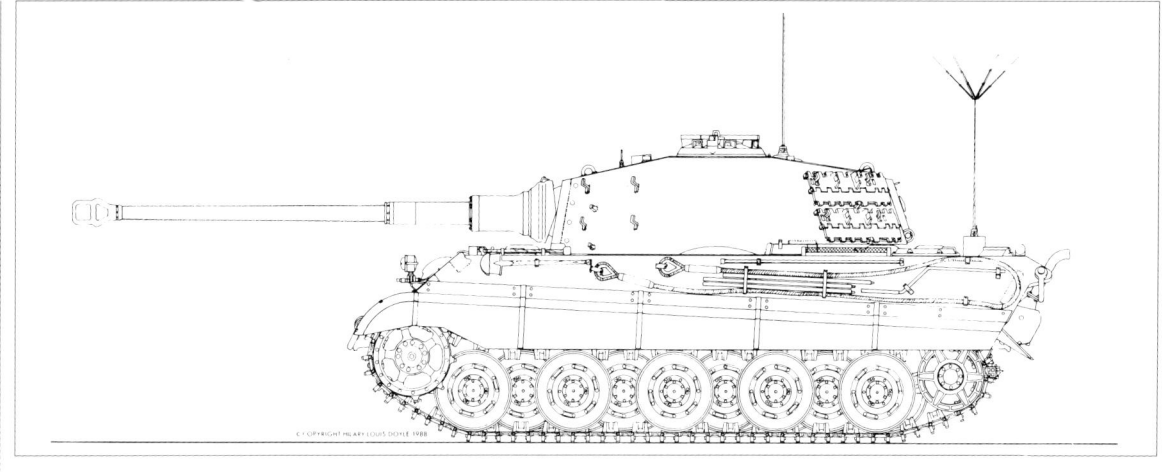

社により使用されたレッドプライマー下塗り剤が、内部の大半を占める色であったことを意味する。そのほかの補助組み立て部品会社は、フェルトグラウ（フィールドグレイ）を自社が製造した部品について使用した。戦闘室と機関室のあいだにある防火隔壁上の消火器には、赤色が用いられた。

　迷彩は工場で施され、ベースのレッドプライマーを基本として、ダークイエローとダークグリーン（RAL6003）が、境い目がはっきりした斑点や縞模様で上塗りされた。木の葉から日差しがこぼれるように、すべての暗い部分についてはダークイエローによる斑点が塗装された。グリーンとレッドブラウンの斑点はダークイエローの部分にみられ、グリーンはグリーン部分の近く、レッドブラウンはレッドプライマーの近くに塗られた。

　8.8cm徹甲弾は区別のために、被帽は白色で弾体は黒色に塗られていた。8.8cm榴弾は、フェルトグラウ（フィールドグレイ）かオリーヴグリーンの塗装で識別された。なお、この当時大多数のドイツ軍弾薬は、慢性的な原料の欠乏により薬莢は黄銅（真鍮）製ではなくスチール製であった。

E

図版E：ティーガーII　SS第501重戦車大隊　アルデンヌ　1944年12月

　アメリカ合衆国メリーランド州アバディーン兵器実験場に展示されているティーガーIIは、SS第501重戦車大隊から捕獲したものである。しかしながら、これはもともと第509重戦車大隊に属していたもので、アルデンヌ攻勢用に45両のティーガーIIを定数を揃えるため、SS第501重戦車大隊へ譲渡されたものであった。SS第501重戦車大隊は、上部構造部の両側面、後部左上部、前面傾斜装甲板に、黄色い円に白十字をあしらった第509重戦車大隊の部隊マークを削除しないでそのまま利用した。彼ら自身の砲塔番号は、黄色で縁取りがある青色で塗装されたが、規則は字体幅3cmにもかかわらずそれより広い5cmで描かれていた。一方、基本塗装はレッドプライマーにダークグリーンとダークイエローが斑模様に上塗りされていたが、グリーンの上塗り面積が大きい。

1：76スケールの指揮戦車型ティーガーII左側面図。砲塔上のアンテナはFuG5用のもので、後部デッキ上の星形アンテナはFug8用のものである。(Author)

統合型測距儀、対空機関銃用リングのないキューポラ、新型シングル履帯リンク用支持架、5個の迷彩用リングと機関室上の新型後部デッキを装備する量産型として最終改修が施されたティーガーIIの平面図。(Author)

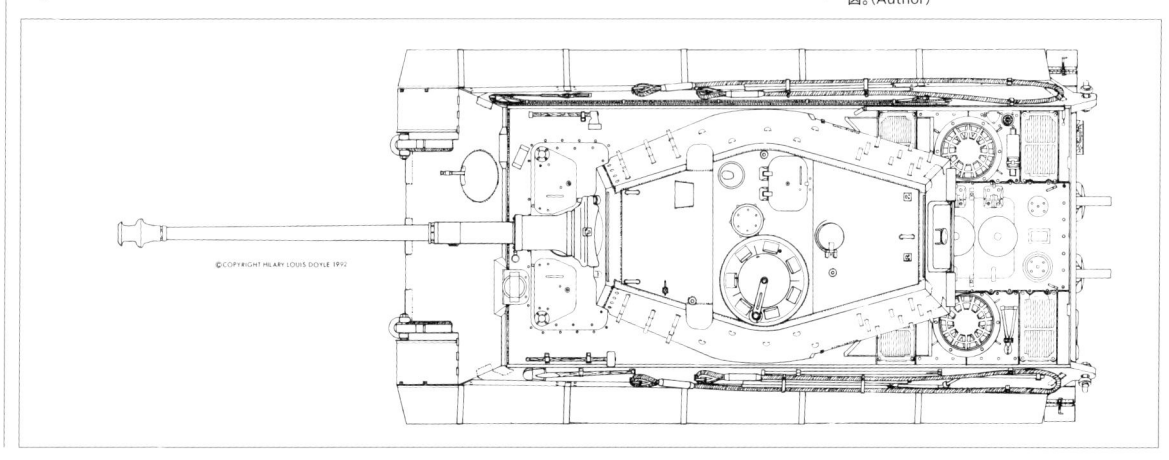

F

図版F：ティーガーII　本部中隊　SS第501重戦車大隊　アルデンヌ　1944年12月

　アルデンヌにおけるSS第501重戦車大隊(旧SS第101重戦車大隊)の本部中隊の3号車である。砲塔番号"003"は青色で、黄色の縁取りがあった。また、黒色で"G"という字体が前面傾斜装甲板に描かれていた。このティーガーIIは撤退前に乗員により爆破され、スタヴローへの道路上で遺棄されたものであった。基本塗装は、この時点での典型的なもので、レッドプライマーにダークグリーンとダークイエローが斑点や縞模様で上塗りされていた。さらにイエローとグリーンによる"アンブッシュ"と呼ばれる迷彩パターンが施されていた。(訳注30)

G

図版G：ティーガーII　SS第501重戦車大隊　アルデンヌ　1944年12月

　SS第501重戦車大隊の第2中隊の"204"号車は、アルデンヌ攻勢後にアメリカ軍によりベルギーのラ・グレース村近くのソレッセで、完全な姿で発見されたものである。わずかな修理ののち、ティーガーIIは給油され、鉄道線路の末端目指して道路を8km走行し、ノイヴィレの丘陵の上まで来たところで故障した。最終的に修理は不可能であったことから、代替として"332"号車がアメリカへ輸送された(訳注31)。この塗装は典型的な"アンブッシュ"迷彩であり、基本色のレッドプライマーの上にイエローとダークグリーンが斑や縞模様に塗装され、さらにイエローとグリーンの斑点で迷彩が施されていた。砲塔番号は黄色の縁取りの青色であり、部隊マークである盾のなかで交叉する鍵は、前面装甲板の上部右側に描かれていた。

訳注30：著者の事実誤認で砲塔番号は"008"であり、"003"ではない。そもそもSS第501重戦車大隊の本部中隊の3両の砲塔番号は"007"、"008"、"009"である。この"008"号車は12月18日にトロワ・ポン近くのサン・アントワーヌの農家に放置され、後日、乗員により爆破された。なお"G"という文字は所属する部隊が指定された行軍路から外れないようにするための識別表示である。

訳注31：この"332"号車はバイパー戦闘団に属していたもので、1944年12月18日にトロワ・ポン〜ラ・グレース街道の中間点で機械故障により放置されたものである。

Kingtiger Heavy Tank 1942-45

編注：本書における装甲傾斜角の数値は、装甲板が90度から何度傾けてあるかの値を示す。

◎訳者紹介

高橋慶史(たかはしよしふみ)
　1956年岩手県盛岡市生まれ。慶應義塾大学工学部電気工学科卒業後、ベルリン工科大学エネルギー工学科に留学。修了後の1981年から電力会社に勤務、専門はIHクッキングヒーター、エコキュートなどを装備したオール電化住宅の普及。妻と長男、次男の4人家族。
　いつの日か、第二次大戦末期のドイツ国民突撃隊やロシア義勇兵部隊、海軍師団、帝国労働奉仕団師団などのマニアックな部隊史を書き、出版社と筆者で莫大な借金を背負い込むというもの凄い夢を抱いている。訳書に『軽駆逐戦車』『突撃砲』『パンター戦車』『突撃砲兵 上・下』、著書に『ラスト・オブ・カンプフグルッペ』(ともに大日本絵画刊)。

ホームページアドレス　http://www3.plala.or.jp/Last-Kampf/index.html
E-mailアドレス　kampf@ymail.plala.or.jp

オスプレイ・ミリタリー・シリーズ
世界の戦車イラストレイテッド **1**

ケーニッヒスティーガー重戦車 1942-1945

発行日	2000年2月	初版第1刷
	2006年8月	第4刷

著者	トム・イェンツ
	ヒラリー・ドイル
訳者	高橋慶史
発行者	小川光二
発行所	株式会社大日本絵画
	〒101-0054 東京都千代田区神田錦町1丁目7番地
	電話:03-3294-7861　http://www.kaiga.co.jp
編集	株式会社アートボックス
装幀・デザイン	関口八重子
印刷/製本	大日本印刷株式会社

Ⓒ1993　Osprey Publishing Limited
Printed in Japan
ISBN4-499-22715-1

Kingtiger Heavy Tank 1942-45
Tom Jentz & Hilary Doyle

First published in Great Britain in 1993,
by Osprey Publishing Ltd, ElmsCourt, Chapel Way, Botley,
Oxford, OX2 9LP. All rights reserved.
Japanese language translation©2000 Dainippon Kaiga Co.,Ltd